计算机类技能型理实一体化新形态系列

MySQL数据库

应用技术项目教程

（微课版）

主　编　吕学芳　莫新平　平　涛

清华大学出版社
北京

内 容 简 介

本书以"项目导入、任务驱动"模式详细讲解了 MySQL 数据库技术的应用。全书共分 8 个项目。项目 1 为入门项目,通过 5 个具体任务,用 Navicat 图形界面管理工具实现一个创建数据库的完整项目,引导读者理解数据库的基本概念。项目 2 到项目 7 为主导项目,选择选课系统数据库这一典型项目,遵循数据库开发流程,依次完成设计数据库、操作数据库、数据查询、优化查询、数据库编程、数据安全维护等具体内容,夯实具体操作技能。项目 8 为综合实训,该项目是对所学知识的综合训练,旨在提高综合应用能力。

本书既可作为高校计算机相关专业的教材,也可作为从事数据库开发与应用人员的参考用书。

图书在版编目(CIP)数据

MySQL 数据库应用技术项目教程:微课版/吕学芳,莫新平,平涛主编.—北京:清华大学出版社,2023.6(2025.1重印)

(计算机类技能型理实一体化新形态系列)

ISBN 978-7-302-63561-1

Ⅰ.①M…　Ⅱ.①吕…　②莫…　③平…　Ⅲ.①SQL 语言－数据库管理系统－教材　Ⅳ.①TP311.132.3

中国国家版本馆 CIP 数据核字(2023)第 088496 号

责任编辑:张龙卿
封面设计:曾雅菲　徐巧英
责任校对:刘　静
责任印制:曹婉颖

出版发行:清华大学出版社
　　　　网　　址:https://www.tup.com.cn,https://www.wqxuetang.com
　　　　地　　址:北京清华大学学研大厦 A 座　　　　　　邮　　编:100084
　　　　社 总 机:010-83470000　　　　　　　　　　　　邮　　购:010-62786544
　　　　投稿与读者服务:010-62776969,c-service@tup.tsinghua.edu.cn
　　　　质量反馈:010-62772015,zhiliang@tup.tsinghua.edu.cn
　　　　课件下载:https://www.tup.com.cn,010-83470410
印 装 者:三河市人民印务有限公司
经　　销:全国新华书店
开　　本:185mm×260mm　　　印　　张:16.25　　　字　　数:388 千字
版　　次:2023 年 7 月第 1 版　　　　　　　　印　　次:2025 年 1 月第 3 次印刷
定　　价:49.80 元

产品编号:099753-01

前　言

党的二十大指出"教育、科技、人才是全面建设社会主义现代化国家的基础性、战略性支撑"。大数据时代，数据库技术成为现代科技发展的重要组成部分。MySQL数据库作为流行的关系型数据库管理系统，由于其稳定性高、跨平台、速度快、开放源码等优点，被广泛应用在生产生活的各个方面。为顺应科技对人才的需求，响应"实施人才强国战略"的号召，大部分高校的计算机相关专业都开设了MySQL方向的数据库课程。

本书深入贯彻党的二十大对高等教育和教材建设的精神，针对当前各高校对MySQL数据库应用技术课程数字化建设的需要，由从事数据库教学的一线教师总结多年教学经验编写而成。

本书具有以下四点特色。

(1) 以"学习者为中心"，以成果为导向，从教材体例到资源建设都高度适配高校混合式教学模式。

本书以"项目引领，任务驱动"为组织形式，清晰地划分了任务导学、任务实施和巩固提高三个教学环节，并准备了丰富的微视频、操作视频与自测题等电子资源，与混合式教学模式高度适配，也可供不同类型学校线上教学选用。

(2) 产教融合使教材内容设计全面、新颖，极具实用性。

本书自2019年作为本校双元教材立项以来，首先与海信公司合作，根据企业提供的工作流程和相关案例，结合编者的教学经验，开发了校本教材。2021年，基于对海疆公司研发人员以及毕业实习生的调研，在项目设计上做了大幅修改，使案例更典型，重点更突出，更适合职业学生学习。2022年，编者又根据自己在青岛远航公司的实践经验，结合数据库发展现状对相关内容做了进一步的修正和补充。在历时3年的反复修正中，我们坚持产教融合，多方吸取建议，力求教材任务反映实际典型工作任务，涉及的知识点全面新颖，与时俱进，使其更具实用价值。

(3) 课、岗、赛、证融通，教材具有更广泛的适用性。

在内容编排上，尽量将数据库管理系统、Web前端开发考证的一些数据库知识技能分散融合到任务操作中，便于读者理解掌握。同时设置一些拓展资源供有余力的读者学习，以配合大数据技术、数据库技术等技能大赛的需要，真正做到了课、岗、证、赛相融通。

(4) 教材建设极具思政特色。

立德树人既是教育的根本任务,也是建材建设的重点。本书特别注重课程思政建设。项目选择社区管理、学生党员管理等读者身边的事,使读者主动了解社会,增强其社会责任感。项目之前配有思政内容,以小故事和小案例等电子资源方式,从家国情怀、工匠精神到思维方式、态度作风等不同方面提示项目实施过程中需注重的素养建设。项目之后的学习成果实施报告书要求总结项目实施过程中的感受和体会,从而完成思政教育从被动接收到主动感悟的内化提升。

本书通过入门、主导、综合三级项目设计上的层层递进,完成了从"兴趣引导"到"技能夯实"最后到"应用提升"的课程能力递进。具体项目有 8 个,安排如下。

项目 1 为入门项目,通过 5 个任务引导读者用图形界面管理工具实现了一个创建并管理社区居民信息数据库及表的完整项目,从而对数据库基本概念有直观的认识。

项目 2 到项目 7 为主导项目,主导项目选取学生选课数据库这一常见典型案例,遵循数据库开发实际工作流程,引领读者完成从数据库设计到数据库的实施应用的整个开发过程。

项目 8 为综合实训,该项目是对整个教材所学知识的综合。此项目之后要求学生能够写出完整的数据库设计与实施文档。还可以结合其他相关课程,做出更完整的项目。

项目后配套同步实训,除巩固提升项目技能外,也有检测学习效果的作用。同时配有学习成果达成测评和自测题,供学生自我评测,学习成果实施报告配有电子版,供学员总结填写提交。

本书是学银在线课程"MySQL 数据库应用技术"的配套教材,欢迎读者参与该课程慕课学习,其中有更丰富的即时学习资源和良好的互动讨论空间。

本书由吕学芳、莫新平和平涛共同编写。具体编写分工如下:项目 1~项目 4 由吕学芳编写,项目 5 和项目 6 由莫新平编写,项目 7 和项目 8 由平涛编写。

感谢学校领导和同事给予的支持,感谢青岛海信研发中心、青岛海疆智远信息科技有限公司和青岛远航科技有限公司对我们的大力支持。

由于编者水平有限,错误疏漏之处,敬请广大读者批评、指正。

编 者

2023 年 2 月

目 录

项目 1　创建社区居民信息数据库

项目目标		
知识目标：	**能力目标：**	**素质目标：**
（1）理解数据库的基本概念。	（1）能够在 Windows 操作系统下安装 MySQL 数据库。	（1）了解数据库管理系统的发展，增强职业责任感和民族自强感。
（2）了解并会设置 MySQL 的字符集。	（2）能够启动登录和配置 MySQL 数据库。	（2）通过软件的独立安装配置，养成自主学习独立思考的习惯。
（3）了解系统数据库。	（3）能够用 Navicat 创建数据库和表。	（3）通过数据库和表的创建，培养精益求精的工匠意识。
（4）理解表的概念。	（4）能够用 Navicat 插入、更新、删除查看数据。	
（5）掌握 MySQL 中的数据类型。	（5）能够用 Navicat 迁移数据库到其他服务器。	

项目情境

　　社区信息化建设是城市信息化建设的重要组成部分，而其中的社区居民信息管理为信息化建设提供了数据基础。通过对居民信息的查询，可以更方便、更有针对性地开展社区工作，更好地服务社区居民。例如，通过查询居民就业情况，可以对社区准备就业的人员开展就业培训指导；又如，可以通过筛选社区居民的年龄，轻松找到社区老人的信息，及时给老人们提供温馨的服务等。

　　那么这个查询过程是怎么实现的呢？步骤如图 1.1 所示。

图 1.1　居民信息查询示意图

　　首先社区工作人员在客户端（如手机、计算机等电子设备）登录社区信息平台，通过信息平台输入要查询的内容，比如查询年龄大于 70 岁的老人。

　　然后系统向服务器发送查询命令,查询年龄大于 70 的居民,服务器会根据这个查询指令来查询相关信息,并返回查询结果。接下来,社区人员就可以根据这个查询结果来定向进行相关服务了。

　　那么为什么可以在服务器中查询到这些信息呢? 这是因为小区居民的信息事先已经都存放在服务器的一个地方,这个地方就称为数据库。

　　本项目中,首先需要安装并配置好 MySQL 以及其图形管理工具 Navicat,然后登录服务器,用 Navicat 创建一个存放居民信息的数据库,并在该数据库中根据要求创建两个常用表:居民信息表和住户表,最后向表中插入相关数据。

　　本项目作为入门项目,任务操作基本采用图形界面方式,方便易学。可以在任务实际操作中学习理解任务导学中的相关数据库理论知识。

学习建议

- 在创建的数据库实例的具体操作过程中加深对数据库基本概念的理解。
- 登录 MySQL 服务器时需要熟悉一些必要的 Windows 命令的书写方法。
- 表的属性特征(如主键等)可大体了解,到主导项目时再深度学习及理解。

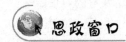 思政窗口

看"数据库技术的应用和发展"视频,说说自己是如何领会党的二十大提出了"科技兴国"和"科技自立自强"精神的。

视频 1.1:数据库技术的应用和发展

任务 1.1　安装与配置 MySQL 数据库

 任务导学

任务描述

　　在了解 MySQL 的软件及版本信息的基础上,下载 MySQL 数据库,并安装和配置 MySQL 数据库。

学习目标

- 能够说出 MySQL 数据库管理系统的特点。
- 能够下载安装与配置 MySQL 8.0 数据库。

知识准备

1. MySQL 简介

　　MySQL 是一个关系型数据库管理系统,由瑞典 MySQL AB 公司开发,是最流行的关系型数据库管理系统之一。MySQL 数据库具有跨平台的特性,可以在 Windows、UNIX、Linux 和 macOS 等平台上使用,由于其体积小、速度快、总体拥有成本低,尤其是开放源码这一特点,因此受到了越来越多公司的青睐。比如新浪、网易、百度、Google、雅虎等企业的网站开发都选择 MySQL 作为网站数据库。

2. MySQL 版本信息

（1）根据操作系统分类。根据操作系统的类型，MySQL 分为 Windows 版、UNIX 版、Linux 版和 macOS 版。下载 MySQL 前，首先要了解自己使用的操作系统，根据操作系统下载相应的 MySQL。

（2）根据用户群体分类。

① 社区版（Community）。社区版可以自由下载而且完全免费，但是官方不提供任何技术支持，适用于大多数普通用户。

② 企业版（Enterprise）。企业版不仅不能自由下载而且收费，但是该版本提供了更多的功能，可以享受完备的技术支持，适用于对数据库的功能和可靠性要求比较高的企业客户。

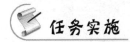

视频 1.2：MySQL 的
下载安装与配置

1. 下载 MySQL

（1）打开官方网站 http://www.mysql.com，如图 1.2 所示。

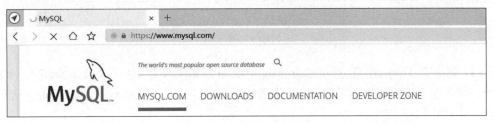

图 1.2　MySQL 官方网站

（2）打开 MySQL 首页后，单击 DOWNLOADS 选项，进入 MySQL 产品页面，然后单击 MySQL Community（GPL）Downloads 按钮，进入 MySQL Community Downloads 页面，在该页面选择 MySQL Installer for Windows 选项，如图 1.3 所示。

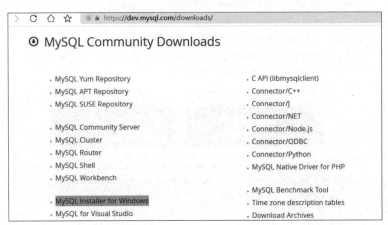

图 1.3　MySQL 社区版下载页面

（3）MySQL 最新版本为 8.0.30，有在线安装以及离线安装两种版本。此处选择离线安装版本,单击 DownLoad 按钮。如果选择之前的版本,也可以单击 Looking for previous GA versions? 选项,如图 1.4 所示。

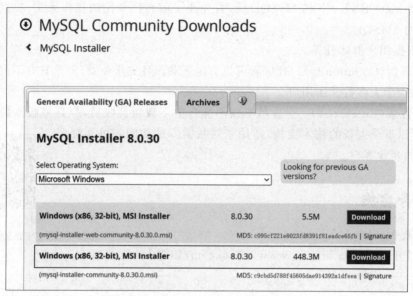

图 1.4 MySQL 版本选择页面

(4) 如果有注册的用户,可以选择 Login(登录);如果没有,也可以选择 Sign Up(注册用户);如果既不想注册也不想登录,就单击 No thanks, just start my download.。然后就开始下载,如图 1.5 所示。

图 1.5 MySQL 下载页面

2. 在 Windows 平台下安装配置 MySQL

（1）双击下载好的 MySQL 安装程序（mysql-installer-community-8.0.30），进入 MySQL 的安装界面，如图 1.6 所示。

图 1.6　MySQL 开始安装界面

（2）先进入 Choosing a Setup Type 对话框，这里有 5 种安装类型：Developer Default（开发者默认）、Server only（仅服务器）、Client only（仅客户端）、Full（完全）和 Custom（自定义）。可以根据自己的需要，选择合适的安装类型。因为我们在这里只用来创建和管理数据库，为了方便初学者程序安装，可以选择 Server Only，如图 1.7 所示。

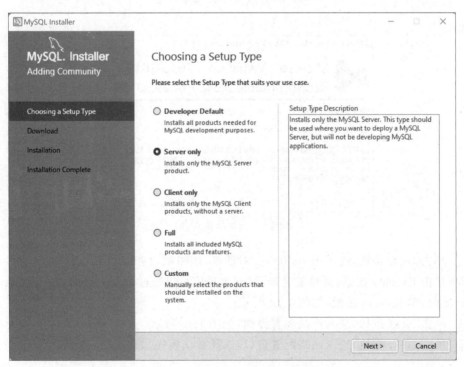

图 1.7　选择 MySQL 安装类型

5

（3）单击 Next 按钮，进入检查所需安装产品的窗口，此处检查到需要安装 Microsoft Visual C++ 2019 Redistributable，单击 Execute 按钮，可以在线安装该产品。安装成功后，再单击 Next 按钮，如图 1.8～图 1.10 所示。

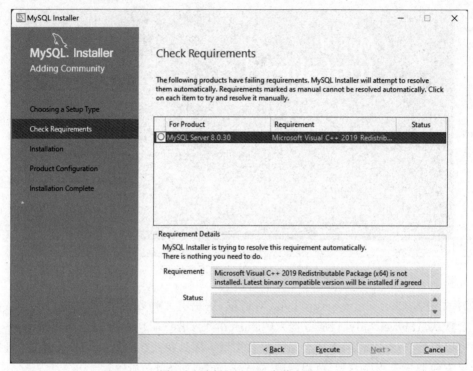

图 1.8　选择 MySQL 安装产品

图 1.9　安装所需产品

（4）单击 Next 按钮，进入 Installation 对话框，如图 1.11 所示。

（5）单击 Execute 按钮，开始安装产品，安装进度可以通过 Progress 查看。当 Status 为 Complete 时，单击 Next 按钮，如图 1.12 所示。

（6）单击 Next 按钮，进入产品配置界面，如图 1.13 所示。

（7）单击 Next 按钮，进入网络配置窗口，选择默认模式，如图 1.14 所示。

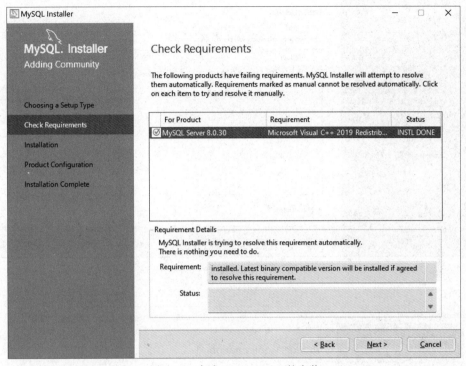

图 1.10　完成 VC++ 2019 的安装

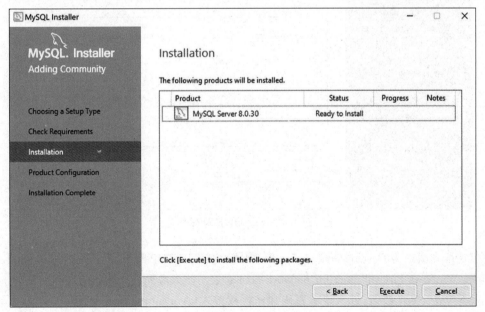

图 1.11　进入安装对话框

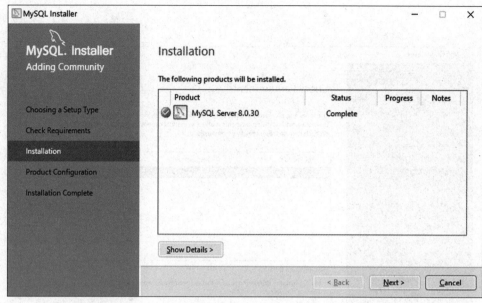

图 1.12　MySQL 的安装

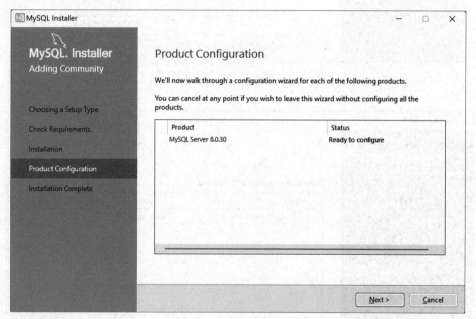

图 1.13　MySQL 产品配置

　　默认配置模式为 Development Computer 模式,启用 TCP/IP 网络,默认端口号为 3306。选择 Open Windows Firewall port for network access,表示防火墙允许该端口的访问。

　　(8) 单击 Next 按钮,进入设置密码加密授权方式(Authentication Method)界面。

　　有两种加密授权方式供选择,第一种是 MySQL Server 8.0 新提供的一种加强加密授权方式,如果对安全性要求比较高,可以选择这种方式;第二种是传统的授权方式,如果需要兼容一些老版本的应用程序,则需要选择该方式,如图 1.15 所示。

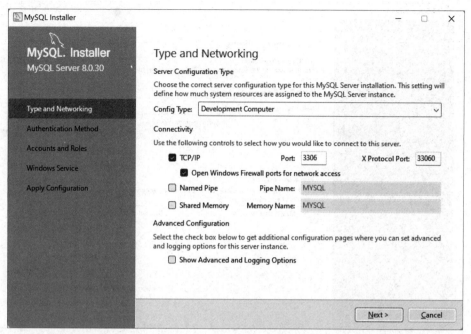

图 1.14　MySQL 网络配置

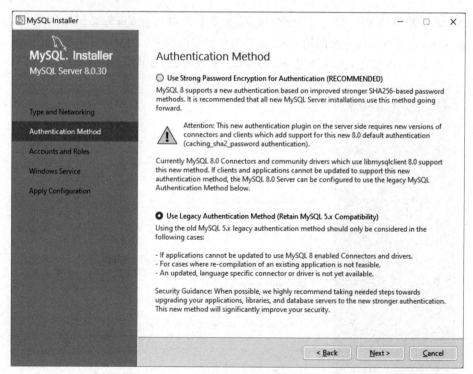

图 1.15　设置密码加密授权方式

（9）单击 Next 按钮，进入用户角色设置界面，如图 1.16 所示。

MySQL Root Password 表示为 root 用户设置密码；Repeat Password 表示再输入一次密

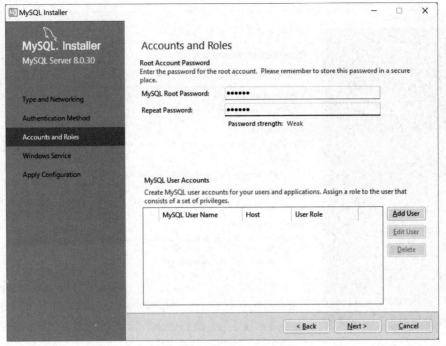

图 1.16   MySQL 用户角色设置

码,要保证两次输入密码一致。这个密码也是登录服务器的密码,务必记录清楚。MySQL
User Accounts 表示可以创建新的用户角色,并为角色分配权限。此处暂不作设置。

(10) 单击 Next 按钮,进入设置 Windows 服务器界面,如图 1.17 所示。

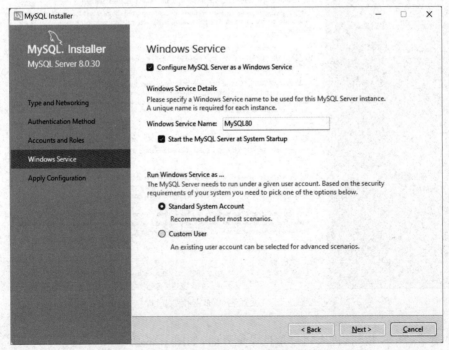

图 1.17   设置 Windows 服务器

选择 Configure MySQL Server as a Windows Service,设置 Windows Service Name,此处默认为 MySQL80,也可修改为其他名字。选择 Start the MySQL Server at System Startup,表示 MySQL 会随系统自动启动。

（11）单击 Next 按钮,进入应用配置界面,单击 Execute 按钮,配置向导执行一系列任务,配置完成后如图 1.18 所示。单击 Finish 按钮,进入产品配置界面,如图 1.19 所示。单击 Finish 按钮,产品安装与配置完成,如图 1.20 所示。

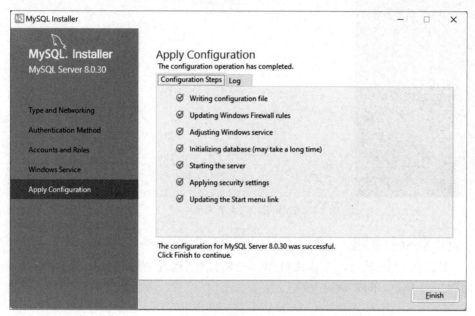

图 1.18　应用配置窗口

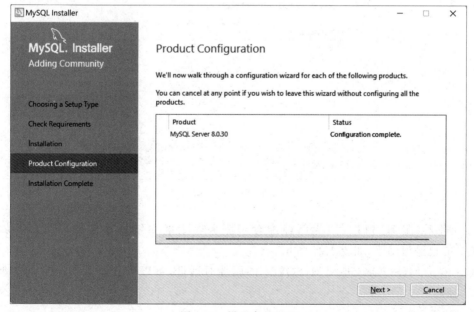

图 1.19　设置产品配置

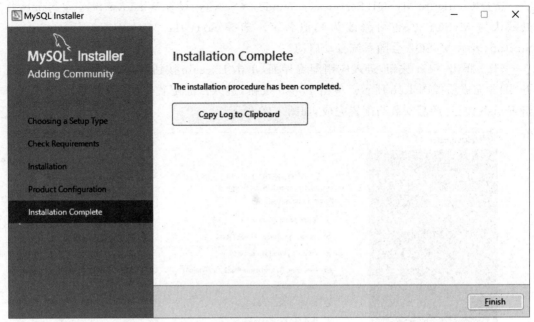

图 1.20　安装完成

3. 启动 MySQL 服务器

(1) 安装好 MySQL 后,用快捷键 Win+R 打开"运行"对话框,在其中输入 services. msc,如图 1.21 所示,单击"确定"按钮。

图 1.21　"运行"对话框

(2) 进入"服务"窗口,因为已经配置了服务器为随系统自动启动,所以可以看到 MySQL80 已经启动了,如图 1.22 所示。

(3) 双击 MySQL80,进入 MySQL80 的属性对话框,可以修改服务器的启动类型,如图 1.23 所示。

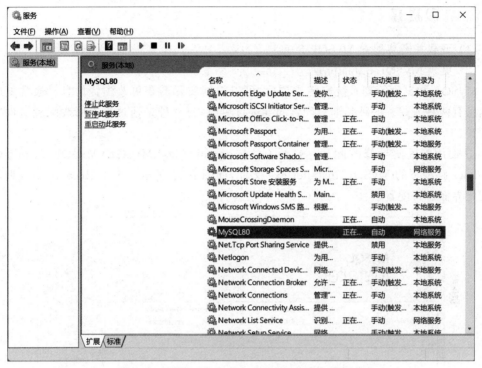

图 1.22　"服务"窗口中查看 MySQL 服务器状态

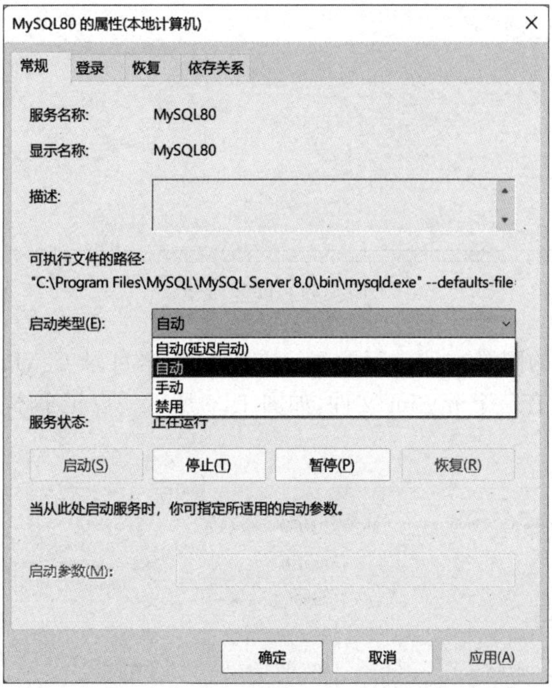

图 1.23　MySQL 服务器启动类型设置

巩固提高

(1) 下载并安装配置 MySQL 8.0。

(2) 更改 MySQL 8.0 的配置。

MySQL 数据库管理系统安装成功后,可以根据实际需要更改配置信息。通常更改配置信息有两种方式。一种是通过配置向导进行更改,另一种是通过手工修改配置文件来更改配置。

① 使用配置向导修改配置。打开 C:\Program Files\MySQL\MySQL Installer for Windows 路径下的 MySQL Installer.exe 文件,如图 1.24 所示。单击 Reconfigure,重新进入配置界面进行配置。

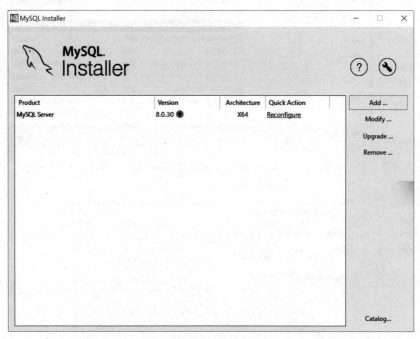

图 1.24　配置向导

② 修改 MySQL 的配置文件进行配置。在安装数据目录 C:\ProgramData\MySQL\MySQL Server 8.0 下有一个 my.ini 文件,如图 1.25 所示。以记事本方式打开该文件,可进行信息配置。

图 1.25　配置文件位置

任务 1.2　登录 MySQL 服务器

 任务导学

任务描述

在安装好 MySQL 之后,需要登录 MySQL 服务器,才能使用 MySQL 进行数据库的一系列操作。本任务需要通过客户端、Windows 命令行和 Navicat 三种方式登录 MySQL 服务器,并熟悉 Navicat 界面,为下一步用 Navicat 创建数据库和表做好准备。

学习目标

- 掌握 MySQL 环境变量的配置。
- 掌握三种方式登录 MySQL。
- 掌握 Navicat for MySQL 的安装与使用。

知识准备

下面介绍登录 MySQL 的三种方式。

1. 通过 MySQL 客户端登录 MySQL

可以通过 MySQL 自带的客户端(MySQL 8.0 Command Line Client)来登录 MySQL,登录方式非常简单,但它只适用于 root 用户,其他用户就无法用这种方式登录,所以这种方式登录 MySQL 数据库有局限性,不推荐长期使用。

2. 用 Windows 命令行方式登录 MySQL

用 Windows 命令行方式登录 MySQL 是推荐的常规登录方式,需要在运行窗口输入命令行。语法格式如下。

```
mysql -h 主机 ip 地址 -P 端口号 -u 用户名 -p
```

注意:mysql 这个关键字是 MySQL 程序中的命令,而不是 Windows 操作系统中自带的命令。所以,在运行此登录命令之前,要确保已经配置好了 MySQL 的环境变量,也就是将 MySQL 应用程序的 bin 目录添加到 PATH 变量值中。

3. 用图形界面管理工具 Navicat 登录 MySQL

MySQL 的图形管理工具可以极大地方便数据库的操作和管理。常用的图形管理工具有 Navicat for MySQL、MySQL WorkBench 和 MySQL-Front 等。这些图形管理工具功能相似,都能完成数据库对象的创建管理等基本功能。本书选择 Navicat for MySQL 作为 MySQL 的图形管理工具。

Navicat 是一套快速、可靠且价格相宜的数据库管理工具,专为简化数据库的管理及降低系统管理成本而设计,它可以用来对本机或远程的 MySQL、SQL Server、SQLite、Oracle 及 PostgreSQL 数据库进行管理及开发。

Navicat 中的 Navicat for MySQL 是一套专为 MySQL 设计的高性能数据库管理及开发工具,它可用于 3.21 版本或以上的 MySQL 数据库服务器,并支持大部分 MySQL 最新版本的功能。

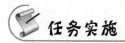任务实施

视频 1.3：登录
MySQL 服务器

1. 用 MySQL 客户端登录 MySQL

（1）选择"开始"→"程序"→MySQL→MySQL Server 8.0→MySQL 8.0 Command Client，如图 1.26 所示。

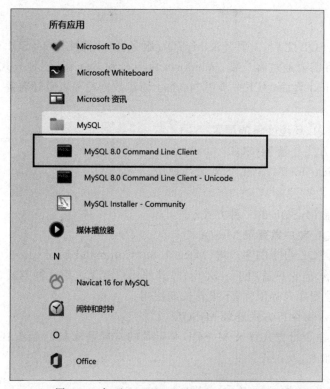

图 1.26　打开 MySQL Command Line Client

（2）进入密码输入窗口如图 1.27 所示。输入密码后，显示 MySQL 提示符 mysql>表示登录成功，如图 1.28 所示。

图 1.27　输入密码

（3）输入 help 可以查询常见 MySQL 命令，如图 1.29 所示。

（4）输入 exit 可退出登录。

注意：此种登录方式只能适用于 root 用户登录，不推荐使用。

2. 用 Windows 命令方式登录 MySQL

在 Windows 操作系统下，还可以用 Windows 命令方式登录 MySQL。

```
Enter password: ******
Welcome to the MySQL monitor.  Commands end with ; or \g.
Your MySQL connection id is 12
Server version: 8.0.30 MySQL Community Server - GPL

Copyright (c) 2000, 2022, Oracle and/or its affiliates.

Oracle is a registered trademark of Oracle Corporation and/or it
s
affiliates. Other names may be trademarks of their respective
owners.

Type 'help;' or '\h' for help. Type '\c' to clear the current in
put statement.

mysql>
```

图 1.28　登录 MySQL

```
mysql> help

For information about MySQL products and services, visit:
   http://www.mysql.com/
For developer information, including the MySQL Reference Manual, visit:
   http://dev.mysql.com/
To buy MySQL Enterprise support, training, or other products, visit:
   https://shop.mysql.com/

List of all MySQL commands:
Note that all text commands must be first on line and end with ';'
?         (\?) Synonym for `help'.
clear     (\c) Clear the current input statement.
connect   (\r) Reconnect to the server. Optional arguments are db and host.
delimiter (\d) Set statement delimiter.
ego       (\G) Send command to mysql server, display result vertically.
exit      (\q) Exit mysql. Same as quit.
go        (\g) Send command to mysql server.
help      (\h) Display this help.
notee     (\t) Don't write into outfile.
print     (\p) Print current command.
prompt    (\R) Change your mysql prompt.
quit      (\q) Quit mysql.
rehash    (\#) Rebuild completion hash.
source    (\.) Execute an SQL script file. Takes a file name as an argument.
status    (\s) Get status information from the server.
system    (\!) Execute a system shell command.
tee       (\T) Set outfile [to_outfile]. Append everything into given outfile.
use       (\u) Use another database. Takes database name as argument.
charset   (\C) Switch to another charset. Might be needed for processing binlog
with multi-byte charsets.
warnings  (\W) Show warnings after every statement.
nowarning (\w) Don't show warnings after every statement.
resetconnection(\x) Clean session context.
query_attributes Sets string parameters (name1 value1 name2 value2 ...) for the
next query to pick up.
ssl_session_data_print Serializes the current SSL session data to stdout or file


For server side help, type 'help contents'

mysql>
```

图 1.29　用 help 命令调出常见 MySQL 命令

（1）登录之前首先要配置 MySQL 的环境变量。操作步骤如下。

① 右击"我的电脑"图标，在快捷菜单中选择"属性"命令，进入设置界面，在相关设置里选择"高级系统设置"，如图 1.30 所示。

图 1.30　计算机设置界面

② 进入"系统属性"对话框，单击"环境变量"按钮，如图 1.31 所示。

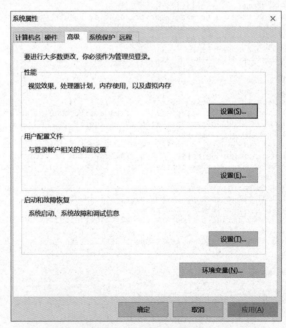

图 1.31　系统属性设置

③ 进入"环境变量"对话框,在"系统变量"列表中选择 Path 变量,如图 1.32 所示。

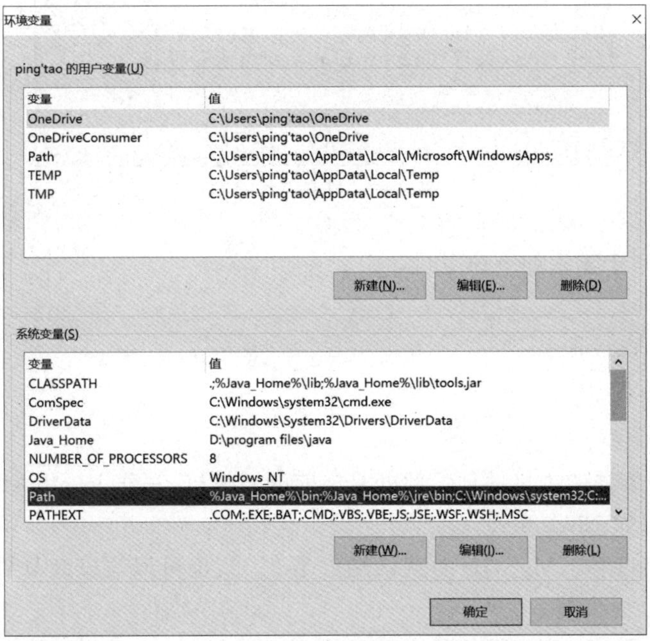

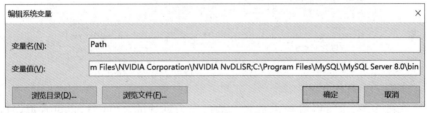

图 1.32　选择环境变量

④ 单击"编辑"按钮,在"编辑系统变量"对话框中将 MySQL 的应用程序的 bin 目录 (C:\Program Files\MySQL\MySQL Server 8.0\bin)添加到变量值中,用分号与其他变量 值隔开,如图 1.33 所示。单击"确定"按钮,环境变量就配置完成了。

图 1.33　编辑系统变量

(2) 环境变量配置完成后,就可以用命令方式登录 MySQL 了。操作步骤如下。

① 使用快捷键 Win+R 打开"运行"对话框,在其中输入命令 cmd,如图 1.34 所示。单击"确定"按钮,打开命令窗口,如图 1.35 所示。

图 1.34　运行中输入命令

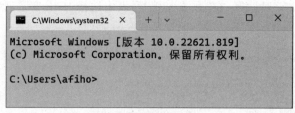

图 1.35 打开命令窗口

② 在命令窗口中输入如下命令行。

```
mysql -h localhost -P 3306 -u root -p
```

相关选项说明如下。

mysql：登录命令。

-h：后面为服务器的主机地址。此处是当前的计算机，写作 localhost，也可以输入当前计算机的 IP 地址(如 127.0.0.1)。

-P：后面为端口号。MySQL 的默认端口是 3306，也可以写安装软件时设定的其他端口号。注意此处 P 为大写。

-u：后面为登录 MySQL 服务器的用户名，这里为 root，表示超级管理员用户。

-p：此处的 p 为小写，后面可紧跟着输入登录密码(和 p 之间没有空格)。也可以按 Enter 键，系统提示输入密码后再输入，如图 1.36 所示。

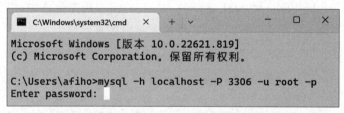

图 1.36 输入全部 mysql 命令行后登录 MySQL

如果用本机登录，也可以省掉主机名。端口号为默认的 3306 时，也可省掉端口号，可写作如下。

```
mysql -u root -p
```

如图 1.37 所示。

3. 用 Navicat for MySQL 登录 MySQL

(1) 安装 Navicat for MySQL 软件，操作步骤如下。

① 打开 Navicat 安装软件，单击"下一步"按钮，如图 1.38 所示。

② 同意安装条款，单击"下一步"按钮，如图 1.39 所示。

③ 选择安装路径，单击"下一步"按钮，如图 1.40 所示。

④ 选择创建桌面图标，单击"下一步"按钮，如图 1.41 所示。

⑤ 进入"准备安装"界面，单击"安装"按钮，如图 1.42 所示。完成安装后如图 1.43 所示。

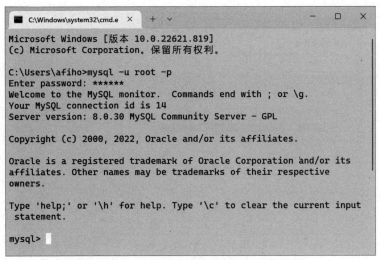

图 1.37   输入部分命令行并登录 MySQL

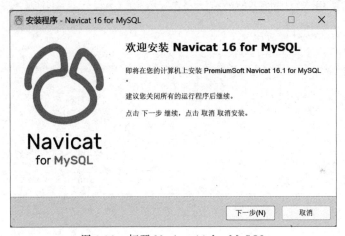

图 1.38   打开 Navicat 16 for MySQL

图 1.39   同意安装条款

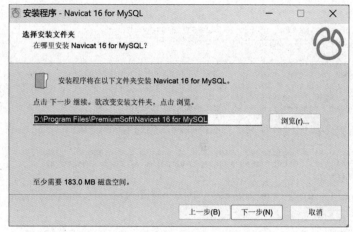

图 1.40　选择安装路径

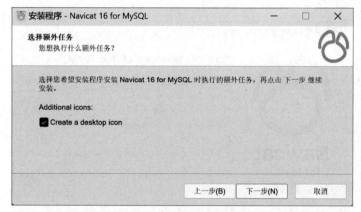

图 1.41　创建桌面快捷图标

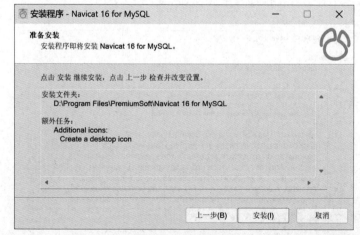

图 1.42　准备安装

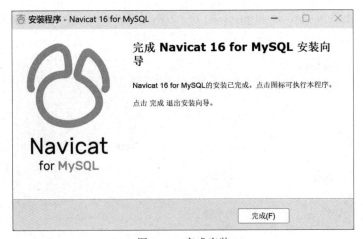

图 1.43　完成安装

（2）用 Navicat 登录 MySQL 服务器，操作步骤如下。

① 双击 Navicat 图标，启动 Navicat，如图 1.44 所示。

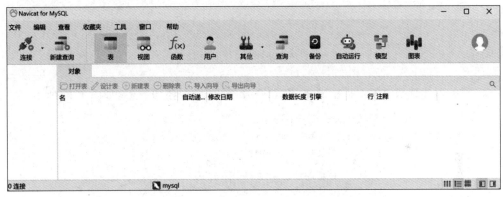

图 1.44　启动 Navicat for MySQL

② 单击"连接"菜单，选择 MySQL 命令，如图 1.45 所示。进入"新建连接"对话框，填写对应内容，如图 1.46 所示。连接名可随意命名，此处命名为 MySQL；主机名为登录服务器

图 1.45　选择 MySQL 服务器

23

的地址,本地服务器可写作 localhost;端口号为默认值 3306,用户名为 root,密码为安装 MySQL 时所设置的密码。设置完成后,单击"确定"按钮。

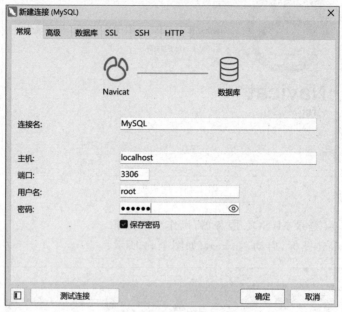

图 1.46 新建 MySQL 连接

③ 服务器连接成功后,双击 MySQL 服务器节点,登录该服务器,如图 1.47 所示。

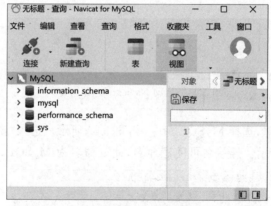

图 1.47 登录服务器

登录服务器后,下一步就可以使用 Navicat 管理和操作数据库了。

 巩固提高

(1) 为 MySQL 设置环境变量,并尝试用三种方式来登录 mySQL 服务器。

(2) 下载 mySQL-Front、MySQL WorkBench 等 MySQL 的图形界面管理工具。
尝试用这些图形管理工具登录服务器,并说明各种图形管理工具的使用特点。

任务 1.3　用 Navicat 创建数据库

 任务导学

任务描述

在完成了 MySQL 的安装配置和登录以后,本任务将使用 Navicat 创建社区居民信息数据库,并设置好数据库的字符集等属性。

学习目标

- 理解数据库的基本概念。
- 了解并会设置 MySQL 的字符集。
- 了解系统数据库。
- 会用 Navicat 创建数据库。

知识准备

1. 数据库的基本概念

(1) 数据(Database,DB)。数据是描述客观事物的符号记录。数据的表现形式可以是数字、文字、图像、声音和视频等。在数据库技术中,数据是数据库存储的基本对象。在本任务中,描述居民特征的姓名、性别、年龄等都是需要存放的数据。

(2) 数据库(Database,DB)。数据库是指长期存储在计算机外部介质上的、按一定组织方式存储的、能够为多个用户共享的、相互关联的数据集合。在本任务中,我们将创建社区居民信息数据库来存放对应的数据。

(3) 关系数据库(Relational Database,RDB)。在数据库技术发展过程中,人们使用数据模型来反映现实世界中数据之间的联系。先后曾出现了层次模型、网络模型和关系模型。基于关系模型设计的数据库称为关系数据库,它以二维表的形式存放数据,比如本任务中创建的社区居民数据库就是关系数据库。

(4) 数据库管理系统(DataBase Management System,DBMS)。数据库管理系统是介于用户和操作系统之间的数据库管理软件,它可以建立、使用和维护数据库,对数据库进行统一管理和控制。常见的数据库管理系统有 SQL Server、MySQL、Oracle、Sybase 等。在本任务中,我们用到的数据库管理系统是前面我们已经安装配置好的 MySQL。

(5) 数据库系统(Database System,DBS)。数据库系统是计算机系统中引入数据库后的系统。它由计算机硬件系统、数据库、数据库管理系统、数据库应用系统和数据库管理管理员构成,如图 1.48 所示。在本任务中,我们充当数据库管理员的角色,在 MySQL 数据库管理系统中创建数据库及表来存放数据,供应用程序使用。

2. MySQL 中的字符集

字符集是一套符号和编码,MySQL 使用字符集和校对规则来组织字符。字符集用来定义 MySQL 存储字符串的方式,校对规则定义了比较字符串的方式。正确选择字符集可以避免乱码现象。

MySQL 服务器可以支持多种字符集,在同一台服务器、同一个数据库甚至同一个表的

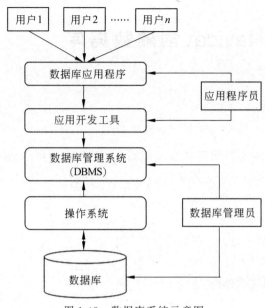

图 1.48　数据库系统示意图

不同字段都可以指定使用不同的字符集,相比其他数据库管理系统,在同一个数据库只能使用相同的字符集,MySQL 明显存在更大的灵活性。

　　MySQL 8.0 支持 41 种字符集和 100 多种校对规则,主要的字符集如下。

　　(1) utf8mb3/utf8mb4:utf8 是一种变长度字符编码,包含了全世界所有国家需要用到的字符,是一种国际编码,通用性较强。其中,utf8mb3 编码的一个字符最多存放 3 字节,不能存放 emoji 表情。而 utf8mb4 编码的一个字符最多能存 4 字节,能存放 emoji 表情。为了方便数据迁移和多种终端展示,最好是 utf8mb4 字符集,从 MySQL 8.0 版本开始,系统默认的字符集是 utf8mb4。

　　(2) latin1:一个 1 字节(8 位)的字符集。它不能覆盖亚洲及非洲语言,所以用此字符集输入中文字符时可能会有乱码现象。在 MySQL 8.0 版本之前,默认字符集为 latin1,utf8 字符集指向的是 utf8mb3。所以如果用 MySQL 8.0 之前版本时,务必要设置字符集,以免出现乱码现象。

　　(3) gbk/gb2312:gb2312 是简体中文集,它采用双字节字符集,不论中、英文字符,均使用双字符来表示。为了区分中文,将其最高位都设定成 1。gbk 是对 gb2312 的扩展,gb2312 仅能存储简体中文字符,而 gbk 是包括中日韩字符的大字符集。

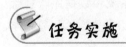任务实施

用 Navicat 创建居民信息数据库的方法如下。

　　(1) 打开 Navicat,登录 MySQL。发现服务器下已经有 4 个数据库,分别是 information_schema、mysql、performance_schema 和 sys 数据库,如图 1.49 所示。这 4 个数据库都是系统数据库,分别有特定的作用,如表 1.1 所示。注意,不要随意删除系统数据库,否则 MySQL 不能正常运行。

视频 1.4:用 Navicat 创建居民信息数据库

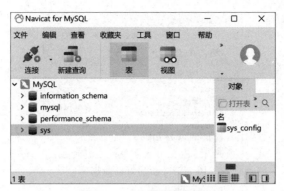

图 1.49　4 个系统数据库

表 1.1　系统数据库的名称及作用

系统数据库的名称	系统数据库的作用
mysql	这是 MySQL 的核心数据库,可存储用户和权限等信息
information_schema	这是信息数据库,提供了访问数据库元数据的方式,其中保存着关于 MySQL 服务器所维护的所有其他数据库的信息,如数据库名、数据库的表、表栏的数据类型与访问权限等
performance_schema	主要收集数据库服务器性能参数,用于监控服务器在一个较低级别的过程中的资源消耗、资源等待等情况
sys	通过视图形式把 performance_schema 和 information_schema 结合起来,目标是降低复杂程度,让管理员能更好地阅读这个库里的内容,更快地了解数据库的运行情况

（2）右击服务器 MySQL,在弹出的快捷菜单中选择"新建数据库…"命令,如图 1.50 所示。

（3）进入"新建数据库"对话框。在数据库名对应的文本框中输入对应的数据库名 residentinfo,字符集采用默认的 utf8mb4,如图 1.51 所示。单击"确定"按钮,居民信息数据库就创建好了,如图 1.52 所示。

图 1.50　选择"新建数据库…"命令

图 1.51　新建数据库设置

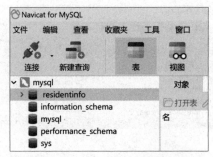

图 1.52　新建好的数据库

(1) 结合本项目,总结数据库基本概念以及它们的关系,填表 1.2。

表 1.2　数据库基本概念总结

名　词	概　念	举　例
数据库		
数据库管理系统		
数据库系统		
它们之间的关系总结		

(2) 用 Navicat 创建以自己名字命名的数据库。

任务 1.4　用 Navicat 创建表

任务描述

分析社区居民信息数据库表的设计,根据设计要求,在社区居民信息数据库中用 Navicat 创建 room、resident 两个表,并设置好表的字段类型、默认值、主键和外键等。

学习目标

- 理解表的概念。
- 掌握 MySQL 中的数据类型。
- 会用 Navicat 创建和修改表。

知识准备

1. 数据类型

数据库中数据的表示形式称为数据类型,它决定了数据的存储格式和有效范围。MySQL 包含的数据类型有整数类型、浮点类型、定点类型、日期和时间类型、字符串类型、二进制类型和 JSON 数据类型。

(1) 整数类型。MySQL 中常见的整数类型如表 1.3 所示。

整数类型后面指定宽度,可写作"数据类型(m)",m 是表示查询结果集中显示的宽度,并不影响实际的取值范围。比如 INT(5),表示显示的宽度为 5。如果开启补零功能,数值不足指定宽度时,用 0 来填补。

表 1.3 整数类型

数据类型	字节数	有符号取值范围	无符号取值范围
TINYINT	1	$-128\sim127$	$0\sim255$
SMALLINT	2	$-32768\sim32767$	$0\sim65535$
MEDIUMINT	3	$-2^{23}\sim2^{23}-1$	$0\sim2^{24}-1$
INT	4	$-2^{31}\sim2^{31}-1$	$0\sim2^{32}-1$
BIGINT	8	$-2^{63}\sim2^{63}-1$	$0\sim2^{64}-1$

(2) 浮点与定点类型。MySQL 中用浮点类型和定点类型来表示小数,如表 1.4 所示。

表 1.4 浮点与定点类型

数据类型	字节数	负数的取值范围	非负数的取值范围
FLOAT	4	$-3.402823466E+38\sim$ $-1.175494351E-38$	0 或 $1.175494351E-38\sim$ $3.402823466E+38$
DOUBLE	8	$-1.7976931348623157E+308\sim$ $-2.2250738585072014E-308$	0 或 $2.225073858507201E-308\sim$ $1.7976931348623157E+308$
DECIMAL(M,D)	M+2	同 DOUBLE	同 DOUBLE

浮点类型在数据库中存放的是近似值,它包括单精度浮点数(FLOAT)和双精度浮点数(DOUBLE)。

定点类型是 DECIMAL,在数据库中存放的是精确值。DECIMAL 的取值范围和 DOUBLE 相同,但其有效取值范围由 M 和 D 决定。数据类型写作 DECIMAL(M,D)。其中 M 表示精度,是数据的总长度;小数点不占位;D 为标度,是小数点后的长度。比如,DECIMAL(4,1)表示总长度是 4,保留一位小数。

(3) 日期与时间类型。MySQL 有 5 种处理日期和时间的数据类型可供选择,如表 1.5 所示。

表 1.5 日期与时间类型

类 型	字节数	取值范围	格 式	用 途
DATE	3	1000-01-01—9999-12-31	YYYY-MM-DD	日期值
TIME	3	838:59:59—838:59:59	HH:MM:SS	时间值
YEAR	1	1901—2155	YYYY	年份值
DATETIME	8	1000-01-01 00:00:00—9999-12-31 23:59:59	DATETIME	混合日期时间值
TIMESTAMP	8	1970-01-01 00:00:00—2038-01-19 11:14:07	YYYYMMDD HHMMSS	混合日期时间戳

(4) 字符串类型。MySQL 提供了 6 个基本的字符串类型,可以存储从一个字符到极大

文本块的字符串数据,如表 1.6 所示。

表 1.6 字符串类型

类 型	大 小	说 明
CHAR(n)	0～255 字节	固定长度字符串,若输入数据长度为 n,则超出部分会截断,不足部分用空格填充
VARCHAR(n)	0～255 字节	长度可变字符串,字节数随输入数据的实际长度而变化,最大长度不超过 n+1
TINYTEXT	0～255 字节	短文本字符串
TEXT	0～65535 字节	长文本数据
MEDIUMTEXT	0～16777215 字节	中等长度文本数据
LONGTEXT	0～4294967295 字节	极大文本数据

(5)二进制类型。二进制类型可用于存放图片、声音等多媒体数据以及大文本块数据,如表 1.7 所示。

表 1.7 二进制类型

类 型	大 小	说 明
BIT(n)	n 的最大值为 64,默认值为 1	位字段类型。如果长度小于 n,则左边用 0 填充
BINARY(n)	n 字节	固定长度的二进制字符串。若输入数据长度超过 n,则会被截断,不足用"/0"填充
VARBINARY(n)	n+1 字节	可变长度二进制字符串
TINYBLOB	2^8-1 字节	BLOB 是二进制的大对象,可以存放图片音频大文本块等
BLOB	$2^{16}-1$ 字节	
MEDIUMBLOB	$2^{24}-1$ 字节	
LOGNGBLOB	$2^{32}-1$ 字节	

(6)JSON 数据类型。JSON 是一种轻量级的数据交换格式,是 ECMAScript(欧洲计算机协会制定的 JavaScript 规范)的一个子集,是当前最为流行的数据交换格式。

自 MySQL 5.7 开始支持 JSON 数据类型后,数据库与应用程序间的数据交换变得更加简单、灵活和高效。

MySQL 中,JSON 数据类型的值主要有对象和数组两种方式。

① JSON 对象。JSON 对象以键值对组合,书写形式如下。

{"键名 1":键值 1, "键名 2":键值 2..."键名 n":键值 n}

例如,包含 3 个键值对的 JSON 对象,可写作:

{ "uid":"1", "uname":"李明", "ugender":"男" }

② JSON 数组。JSON 数组支持将不同数据类型的数据列举在同一数组中。

例如,包含 5 个不同类型的数组,可写作:

```
["xyz", 32, NULL, TRUE,19.5]
```

2. 表的基本概念

关系型数据库采用二维表来存储数据。表就像电子表格中的工作清单一样,由列和行构成。列也称为字段,每一列都存放不同性质的数据。行也称为记录,每一行存放一条记录。如图 1.53 所示,room 表存放了两行记录,每行记录包含四个字段。

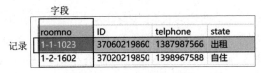

图 1.53　room 表结构图

3. 字段的定义

创建表的过程就是定义表中字段的过程。

字段的定义包括设置字段名、数据类型、默认值、主键、是否为空和外键等属性。

(1) 字段名:字段名不能使用 MySQL 的关键字,可以使用英文字母,中文、数字和下划线,同一表中的字段不能重名。

(2) 数据类型:根据列中需要存放的数据来选择数据类型,注意字符数据类型长度要大于表数据长度。

(3) 默认值:字段默认自动插入的数值。例如,resident 表中 sex 列默认为男,插入数据时,如果此列没有插入值,则自动默认插入值为"男"。

(4) 主键:表中唯一标识该表数据特征的列,此列不能重复。例如 resident 表的 ID 列。

(5) 是否为空:判断该列在插入数据时可否为空值。

(6) 外键:表中参考其他主键的列可设为外键。例如,resident 中的 roomno 参考了 room 表的主键列 roomno,可以将它设为外键列,插入数据时参考 room 表数据。

1. 设计表的结构

结合实际情况,我们来设计该项目需要创建的表及其结构。真正的数据库设计涉及很多数据库理论知识,是一个非常复杂的过程,将在项目 2 中详细讲解。这里仅结合实际情况做简单的设计介绍。

首先来分析一下需要建哪些表。我们知道,小区信息的统计是根据

视频 1.5:用 Navicat 创建居民信息数据库中的表

小区住户房间号进行统计的,所以需要设计的第一个表是住房表(room),表中需要有哪些列呢?日常生活中,我们一般会根据门牌号来区别每一个住户,所以首先要包含门牌号,而且因为门牌号是可以代表这个住户的,它是唯一的不能重复的,所以可以把门牌号作为住房表的主键。除此之外,该表还应该包含房主的身份证号、联系电话和该住房的现状,便于居委会统计信息。

所以,具体表结构如表 1.8 所示。

表 1.8　room 表结构

列　　名	数据类型	是否为空	键	说　　明
roomno	CHAR(20)	否	主键	门牌号
ID	CHAR(20)	是		房主身份证号
telphone	VARCHAR(20)	是		联系电话
state	CHAR(10)	是		房屋状态

住房表创建好后,我们需要创建居民信息表(resident)来存放每个居民的信息。因为居民的身份证号是唯一区别于其他居民的编号,所以可以做主键。除此之外,还需要记录居民的姓名、性别、年龄、门牌号、联系方式以及他们的社会生活状态(就业、就读、退休、失业、学龄前等信息)。此处,门牌号显然需要参考住户表(room)的门牌号,所以可以设为外键,同时性别列可以设置默认值约束,从而减少输入数据的工作量。具体的结构如表 1.9 所示。

表 1.9　resident 表结构

列　　名	数据类型	是否为空	键/索引	默认值	说　　明
ID	CHAR(20)	否	主键		身份证号
name	CHAR(10)	否			姓名
sex	CHAR(2)	否		男	性别
nation	VARCHAR(20)	是		汉	民族
age	INT	是			年龄
state	VARCHAR(30)	是			社会生活状态
roomno	CHAR(20)	否	外键		房间号
telphone	VARCHAR(20)	是			联系电话

以上就是本项目需要创建的两个表。实际的统计信息还很多,比如还可以统计每个住户的车位情况、受教育情况等,后面还可以再补充完善。

2. 用 Navicat 创建 resident 表

(1) 双击 residentinfo 数据库,使其处于打开状态。在此数据库节点下右击"表"节点,从弹出的快捷菜单中选择"新建表"命令,如图 1.54 所示。

(2) 在打开的表设计窗口中,参照表 1.8,输入列名和数据类型,并设置是否为空等属性。表设计效果如图 1.55 所示。

(3) 在表设计窗口的下部,可设置默认值、字符集、排序规则等。

(4) 通过"添加字段"图标,可依次添加字段;也可通过"删除字段"和"插入字段"图标删除或插入字段。

(5) 选中作为主键的 ID 列,单击"主键"图标,该列对应的"键"属性显示钥匙标记,表示主键已经建好。

(6) 定义好所有列后,单击"保存"按钮,在弹出的"另存为"对话框中输入表的名字

图 1.54　新建表

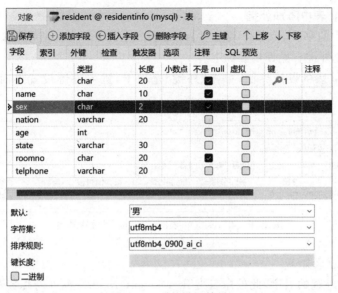

图 1.55 列的设置效果

resident，如图 1.56 所示。

（7）保存完毕后，关闭表 resident。若想修改该表，可以右击该表，选择快捷菜单中的"设计表"命令，重新打开设计表窗口进行表的修改，如图 1.57 所示。

图 1.56 保存表

图 1.57 进入表的设计界面

3. 用 Navicat 创建 room 表

仿照 resident 表的创建，用 Navicat 创建 room 表，列的设置如图 1.58 所示。

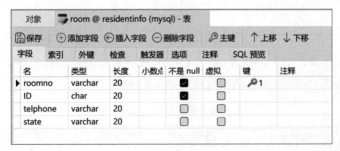

图 1.58 room 表的设计

33

4. 在 resident 表中添加外键

resident 表中的字段 roomno 要参考 room 表的主键 roomno,所以需要在 resident 表的 roomno 列上创建外键。操作步骤如下。

打开 resident 表的设计界面,单击"外键"选项卡,进入外键设置界面,设置如图 1.59 所示。

图 1.59　在 resident 表的 roomno 列设置外键

其中各项的意义如下。

- 名:创建外键的名字,此处命名为 fk_resident_room。也可以命名为其他名字,但最好有意义。
- 字段:此处的字段是 resident 表中需要添加外键的字段,此处是 resident 表的 roomno 列。
- 被引用的模式:外键所在的数据库,此处默认为 residentinfo 数据库。
- 被引用的表(父):被参考的表,也就是主键所在的表,此处是 room 表。
- 被引用的字段:被引用的主键列,此处是 room 表的 roomno 列。

提示:删除时和更新时若都选择 CASCADE,表示当进行数据的删除和更新操作时,两个表的数据会进行级联操作。默认值 restrict 为不级联操作,此处选择 restrict。

 巩固提高

(1) 用 Navicat 在数据库中创建一个新表 education 来单独存放居民受教育程度,表结构设计如表 1.10 所示。

表 1.10　education 表结构

列　　名	数据类型	是否为空	键/索引	默认值	说　　明
EdNo	CHAR(20)	否	主键		编号
Level	CHAR(20)	否			教育水平

(2) 用 Navicat 修改 resident 表,添加 EdNo(教育程度编号)列,并在该列上添加外键参考 education 表主键,表修改后的结构设计如表 1.11 所示。

表 1.11　修改后的 resident 表

列　　名	数据类型	是否为空	键/索引	默认值	说　　明
ID	CHAR(20)	否	主键		身份证号
name	CHAR(10)	否			姓名

列　　名	数据类型	是否为空	键/索引	默认值	说　　明
sex	CHAR(2)	否		男	性别
nation	VARCHAR(20)	是		汉	民族
age	INT	是			年龄
State	VARCHAR(30)	是			社会生活状态
roomNo	CHAR(20)	否	外键		房间号
telphone	VARCHAR(20)	是			联系电话
EdNo	CHAR(20)	是	外键		教育程度编号

任务 1.5　用 Navicat 管理表数据

 任务导学

任务描述

向 residentinfo(居民信息)数据库的 resident 和 room 表中插入数据,然后根据需要查看、更新和删除表数据。最后将数据库数据输出,并迁移到其他服务器下。

学习目标

- 学会用 Navicat 插入、更新、删除、查看数据。
- 学会用 Navicat 迁移数据到其他服务器。

知识准备

操作表数据的注意事项如下。

- 数据按行插入。
- 插入和更新数据时,要注意数据类型以及长度要和表定义字段相匹配。
- 设有默认值的字段不插入数据时,字段会自动插入默认值。
- 设为主键的字段,插入或更新的数据不能重复。
- 先向主键所在的表插入数据,再向外键所在的表插入数据。
- 设为外键的字段,插入或更新的数据需参考主键表的字段内容。例如,在 resident 表中插入的 roomno 值应该在 room 表中已经存在。
- 在删除或更新主键数据时要注意,如果有外键参考,首先删除外键表数据,再删除主键表数据。例如,删除 room 表中的住房信息时,首先删除 resident 表中该住房编号对应的居民信息。

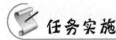 **任务实施**

1. 向表中插入数据

(1) 双击 room 表,进入表的插入数据界面,依次向表中插入数据,如图 1.60 所示。

视频 1.6:用 Navicat
操作表数据

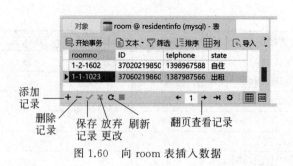

图 1.60　向 room 表插入数据

（2）输完信息后,单击窗口下方状态栏中的"√",可保存此行的输入。

（3）单击窗口左下方状态栏中的"＋",可添加一行记录。如果插入的数据有误,可以单击左下方状态栏中的"一"来删除选中的数据。

（4）数据输入完毕后,可以通过窗口右下方状态栏中的方向键进行翻页查看。

（5）用同样的方法,向 resiedent 表中插入并查看数据。注意插入数据时,外键列一定要参照主键列,也就是说,resident 表中 roomno 要参考 room 表的 roomno 列,可以在提供的参照列中选择数据插入,如图 1.61 所示。

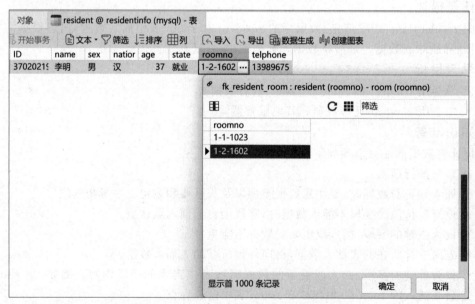

图 1.61　向 resident 表中插入外键列数据

2. 数据库的迁移

创建完社区居民信息数据库后,面临一个问题：如果我想把这个已经拥有多个表和数据的数据库从一个服务器挪到另一个服务器,比如从机房的机器挪到宿舍中自己的机器上,怎么办呢? 我们可以用下面的方法来实现。

（1）关闭数据库中所有的表。右击 residentinfo 数据库,选择"转储 SQL 文件"中的"结构和数据"选项,如图 1.62 所示。

（2）在"另存为"对话框中将该数据库转存为以数据库名命名的.sql 文件,如图 1.63 所

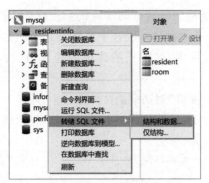

图 1.62 转储 SQL 文件

示。设置好该文件存放的路径,单击"保存"按钮。

图 1.63 另存为.sql 文件

(3) 在弹出的"转储 SQL 文件"对话框中待转存成功,单击"关闭"按钮,如图 1.64 所示。

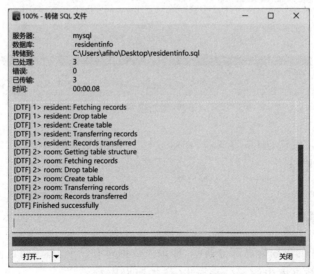

图 1.64 .sql 文件转存成功

（4）将转存的.sql 文件复制到需转存的计算机上。打开该机器的 Navicat，登录服务器。在该服务器上新建 residentinfo 数据库，所选字符集与原来的数据库的字符集一致。

（5）右击 residentinfo 数据库，在弹出的菜单中选择"运行 SQL 文件"命令，如图 1.65 所示。

（6）在弹出的"运行 SQL 文件"对话框的文件路径中，选择 residentinfo.sql 文件，如图 1.66 所示，单击"开始"按钮。待"运行 SQL 文件"信息选项卡中显示成功，如图 1.67 所示。

图 1.65　运行 SQL 文件

图 1.66　设置运行文件路径

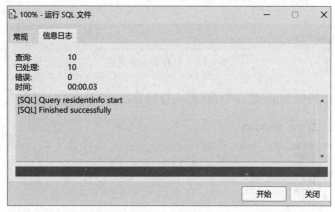

图 1.67　运行文件成功

（7）单击"关闭"按钮，刷新服务器，查看 residentinfo 数据库中的表，原数据库中的数据已经都转移到该数据库中。

 巩固提高

（1）如任务 1.3 的巩固提高部分所示，如果该数据库有三个表，请向这三个表插入数据。

（2）如果只将数据库中的部分表导出，该如何操作？

（3）还有没有其他的数据库迁移办法？自己查一查，做一做。

项目小结

本项目主要完成的任务是用 Navicat 创建社区居民信息数据库。通过学习本项目,首先能够自主完成 MySQL 的安装与登录,并能用 Navicat 创建数据库和表,以及操作表数据。其次在实际操作中,加深对数据库、表、数据类型和约束等概念的理解,为之后的学习打下良好的基础。

同步实训 1　创建服装销售数据库

1. 实训描述

某服装连锁店要开发一套服装销售管理软件,对日常的服装销售进行信息化管理,要求该软件实现服装销售行业的采购订货、退货、前台零售、促销管理、会员管理、库存管理、库存盘点等各个业务流程,将服装销售行业的进货、退货、销售、库存、财务等业务实现一体化管理。

开发该软件有两大部分工作要做:第一后台数据库的设计,第二前端界面功能开发。现阶段我们需要完成后台数据库的设计。首先实现对服装销售核心业务"销售管理"子模块的设计。该模块实现服装的基础信息维护、服装销售、常见查询、利润统计、销售排名等功能。

2. 实训要求

为了实现服装销售管理,需要建立数据库和数据表对数据进行有效存储。经过分析,涉及的数据表至少有服装基础表和服装销售表。服装基础表和服装销售表的结构设计如表 1.12 和表 1.13 所示。

表 1.12　服装基础表(clBaseInfo)

字 段 名 称	数 据 类 型	描　　　述
SectionCode	VARCHAR(5)	服装款型编号,这是必填项
BarCode	CHAR(8)	服装条形码,服装的唯一标识,作为主键
clName	VARCHAR(100)	服装名称,必填项
Type	VARCHAR(20)	服装类别,如男鞋、女鞋、上衣、裤子
Brand	VARCHAR(100)	服装的品牌信息
Fabric	VARCHAR(20)	面料,如纯棉、皮、革,默认为"纯棉"
clSize	VARCHAR(20)	尺码,默认为 L
Color	VARCHAR(50)	颜色
SalesPrice	FLOAT	销售单价
InPrice	FLOAT	进货价格

表 1.13　服装销售表(clsales)

字 段 名 称	数 据 类 型	描　述
ID	INT	编号、主键
ShopName	VARCHAR(100)	连锁店名,必填项。默认为"人百店"
SalesMan	VARCHAR(30)	销售员姓名
SalesDate	DATETIME	销售日期
SalesCode	VARCHAR(10)	销售单号,必填项
BarCode	CHAR(8)	服装条形码,外键
SalesCount	INT	销售数量,必填项
Rebeat	FLOAT	折扣,默认为1
payType	VARCHAR(20)	付款方式,默认为"现金"
Total	DECIMAL(4,1)	实收金额

3. 实施步骤

(1) 用 Navicat 创建服装销售数据库 clsalesdb。

(2) 在 clsalesdb 数据库下创建表 clbaseinfo,并设置对应的主键和默认值。

(3) 创建 clsales 表,设置主键和默认值,并参考 clbaseinfo 表创建外键。

(4) 向两个表中插入测试数据,如表 1.14 和表 1.15 所示。

(5) 将该数据转存为 .sql 文件。

表 1.14　ClBaseInfo 表测试数据

Section Code	BarCode	clName	Type	Brand	Fabric	clSize	Color	InPrice	SalesPrice
MC201	MC201001	长袖衫	衬衫	雅戈尔	纯棉	XL	白色	105	180
MC201	MC201002	长袖衫	衬衫	雅戈尔	纯棉	L	红色条纹	68	102
MCK15	MCK15001	休闲夹克	夹克	苹果	涤纶	XL	黑色	400	600
MCK15	MCK15002	休闲夹克	夹克	苹果	涤纶	S	褐色	400	600
MCBZ0	MCBZ0001	连衣裙	女裙	宝姿	丝绸	M	灰色	60	120
MCBZ1	MCBZ1001	连衣裙	女裙	宝姿	纯棉	L	白色	70	140
MCON1	MCON1001	牛仔裤	女裤	ONLY	涤纶	XL	蓝色	98	198

表 1.15　clsales 表测试数据

ID	ShopName	SalesMan	SalesDate	SalesCode	BarCode	Sales Count	Rebeat	payType	Total
1	中山店	李晓娜	2010-01-02	20100001	MCBZ0001	1	1	现金	120
2	中山店	郝晓英	2010-01-02	20100002	MCBZ1001	2	0.9	信誉卡	214
3	新华店	李晓	2010-01-03	20100003	MCK15002	1	1	现金	600
4	中山店	李晓娜	2010-01-02	20100004	MC201001	3	0.8	银行卡	432

续表

ID	ShopName	SalesMan	SalesDate	SalesCode	BarCode	Sales Count	Rebeat	payType	Total
5	人百店	东林	2010-01-02	20100005	MC201002	2	1	现金	204
6	人百店	米晓	2010-01-21	20100006	MCK15001	10	0.6	现金	3600
7	中山店	郝晓英	2010-02-06	20100007	MC201001	1	0.8	银行卡	144
8	新华店	李晓	2010-02-15	20100008	MCBZ1001	2	1	现金	280
9	中山店	李晓娜	2010-03-01	20100009	MCK15002	1	1	代金券	102

学习成果达成测评

项目名称	创建社区居民信息数据库		学时	10	学分	0.5
安全系数	1 级	职业能力	Navicat 创建管理数据库		框架等级	6 级
序号	评价内容	评价标准				分数
1	MySQL 软件的了解	了解 MySQL 软件的特点、版本				
2	MySQL 的安装配置	会下载 MySQL 软件,能够熟练安装并配置 MySQL				
3	登录服务器	会设置 MySQL 的环境变量,能够用三种方法登录服务器				
4	Navicat 工具的使用	会安装 Navicat 软件,熟悉其界面和用法并用它创建数据库和表				
5	数据库的基本概念	理解数据、数据库、数据库管理系统、关系型数据库和数据库系统等概念				
6	表的概念	理解列(字段)、行(记录)、主键等表的基本概念				
7	表字段特征	掌握数据类型、是否为空、默认值等字段特征属性				
8	MySQL 的字符集	理解字符集的概念,能够设置合理的字符集				
9	创建数据库表	能够用 Navicat 创建数据库和表				
10	操作数据	能够用 Navicat 插入、删除和更新数据				
11	数据迁移	能够用 Navicat 实现数据库的迁移				
	项目整体分数(每项评价内容分值为 1 分)					
考核评价	指导教师评语					

项目自测

一、知识自测

1. MySQL 系统的默认配置文件是(   )。

    A. my.ini   B. my-larger.ini

    C. my_huge.ini   D. my-small.ini

2. 采用二维表结构的数据库是(   )。

    A. 面向对象的数据库   B. 层次数据库

    C. 网状数据库   D. 关系数据库

3. 下面不属于数据库管理系统的是(   )。

    A. MySQL 5.7   B. SQL Server 2012

    C. VC++ 2012   D. Oracle

4. DBS 表示(   )。

    A. 数据库管理系统   B. 数据库系统

    C. 数据库   D. 数据

5. 下列字符集中通用性最强的是(   )。

    A. latin1   B. gb2312   C. Unicode   D. utf8mb4

6. 某表中电话号码列,其中可输入的值为"(010)85694563""13869888563""0532-45896852",此字段的数据类型可设置为(   )。

    A. CHAR(10)   B. VARCHAR(15)

    C. INT   D. DECIMAL

二、技能自测

任务要求:某公司人事部门需要重新创建员工管理后台数据库。需要完成的工作如下。

(1) 下载 MySQL 8.0 安装包,在 Windows 平台安装并配置 MySQL。

(2) 用 Navicat 创建员工信息数据库(Employees)。

(3) 在员工信息数据库中需要创建的两个表(员工表和部门表),请分析确定两个表的具体结构(包括字段数据类型、是否为空、默认值、主键和外键)。已知它们包含的字段如下:

员工表(员工编号、员工姓名、部门编号、性别、联系电话、家庭住址)

部门表(部门编号、部门名称)

(4) 用 Navicat 创建员工表和部门表,并分别向两个表中插入不少于 3 行的数据。

学习成果实施报告

请填写下表,简要总结在本项目学习过程中完成的各项任务,描述各任务实施过程中遇到的重点、难点以及解决方法,并谈谈自己在项目中的收获与心得。

题目					
班级		姓名		学号	

任务学习总结(建议画思维导图):

重点、难点及解决方法:

举例说明在知识技能方面的收获:

举例谈谈在职业素养等方面的思考和提高:

考核评价(按 10 分制)		
教师评语:	态度分数	
	工作分数	

项目 2 设计选课系统数据库

项目情境

项目 1 中虽然完成了数据库和表的建设,但是所建表的结构是已知的。如果把数据库的开发比作需要建设的一座大楼,我们在项目 1 中充当的是类似建筑工人的角色,是根据设计师设计的图纸完成了大楼基本框架的搭建。

显然,我们不该满足于仅当一个"建筑工人",从本项目开始,我们将参与到选课系统数据库的整个开发流程中。

数据库的开发分为六个步骤:需求分析、概念设计、逻辑设计、物理设计、应用开发与系统维护。

本项目中我们将通过前三个步骤(需求分析、概念设计和逻辑设计)来完成选课系统数据库的设计,如图 2.1 所示。

项目2的数据库设计

图 2.1 本项目在数据库开发中的位置

数据库设计就是要把现实生活中的信息,最终转换为能放在计算机中的数据。数据不是直接从现实世界到计算机数据库中的,它需要人们的认识、理解、整理、规范和加工。这种认识经历了三个层次:现实世界、信息世界和数据世界。我们在设计选课系统数据库时,需要完成三个任务:首先对现实世界做需求分析;其次将需求分析的结果抽象成概念模型(E-R 图),从而完成从现实世界到信息世界的转换;最后通过一系列规范化操作,形成逻辑数据模型(关系表),从而完成从信息世界到数据世界的转化,如图 2.2 所示。

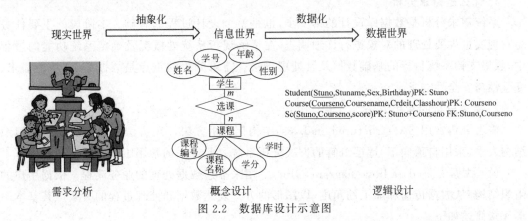

图 2.2 数据库设计示意图

学习建议

(1) 数据库设计学习中除了掌握其设计流程,更要结合实际情况,深入业务细节,为有效实现系统功能而设计。

(2) 数据库设计是一项相对主观的任务,没有对错,只分优劣。在任务实施中,可以依据"任务导学"准备知识并自行设计数据库,然后与"任务实施"给出的结果做对照并分析优劣。

(3) 数据库设计流程以及关系模型的相关术语可结合"总结提高"部分,用填表归纳总结的方式进行学习。

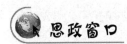 **思政窗口**

没有调查就没有发言权。请扫描二维码了解数据库需求分析中调查研究的重要性。

文档 2.1:数据库需求分析中调查研究的重要性

任务 2.1 需求分析

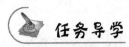 **任务导学**

任务描述

在对选课系统做了深入调查的基础上,用结构化分析方法画出选课系统数据流图,分析其系统功能,并制作数据字典。

学习目标

- 了解结构化分析方法。
- 能够画简单的数据流图。
- 能够分析系统的功能需求。

知识准备

1. 什么是需求分析

系统需求分析是数据库设计的第一步,也是整个设计过程的基础。本阶段的主要任务是对现实世界要处理的对象进行详细调查,在了解现行系统的概况及确定系统功能的过程中,收集支持系统目标的基础数据及其处理方法。需求分析的重点是数据需求、功能需求、完整性与安全性需求。

2. 需求分析的常用方法

需求分析常用 SA(structured analysis)结构化分析方法,SA 方法从最上层的系统组织结构入手,采用自顶向下、逐层分解的方式分析系统。此方法的常用工具有以下两种。

(1) 数据流图(data flow diagram,DFD)。用来描述数据处理的业务流程。依据用户的组织结构,从数据传递和加工的角度,以图形的方式表达数据和处理过程的关系。其基本图形元素简述如下。

- →:数据流,表示数据在系统中的流动方向。
- □:外部实体,代表系统之外的实体。
- ○:数据处理,表示是对数据进行处理的地方。
- =:数据存储,表示信息的静态存储。

(2) 数据字典(DD)。数据字典是系统中各类数据描述的集合,数据字典通常包括数据项、数据结构、数据流、数据存储和处理过程 5 个部分。

① 数据项:不可再分的数据单位。

对数据项的描述通常包括:

数据项描述={数据项名,数据项含义说明,别名,数据类型,长度,取值范围,取值含义,与其他数据项的逻辑关系}

② 数据结构:反映了数据之间的组合关系。一个数据结构可以由若干个数据项组成。

对数据结构的描述通常包括:

数据结构描述={数据结构名,含义说明,组成(数据项或数据结构)}

③ 数据流:数据结构在系统内传输的路径。

对数据流的描述通常包括:

数据流描述={数据流名,说明,数据流来源,数据流去向,组成(数据结构),平均流量,高峰期流量}

④ 数据存储:数据结构停留或保存的地方,也是数据流的来源和去向之一。

对数据存储的描述通常包括:

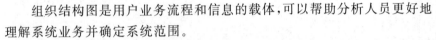

数据存储描述={数据存储名,说明,编号,流入的数据流,流出的数据流,组成(数据结构),数据量,存取方式}

⑤ 处理过程：描述处理过程的说明性信息。

对处理过程的描述通常包括：

处理过程描述={处理过程名,说明,输入(数据流),输出(数据流),处理(简要说明)}

 任务实施

视频 2.1：需求分析

1. 画出选课系统组织结构图

组织结构图是用户业务流程和信息的载体,可以帮助分析人员更好地理解系统业务并确定系统范围。

选课系统是我们日常接触较多的软件系统。该系统主要面对三个模块：学生、课程和教师。选课系统的组织结构图如图 2.3 所示。

```
          选课系统
    ┌────────┼────────┐
   学生      课程      教师
```

图 2.3 选课系统组织结构图

2. 画出选课系统数据流图

根据日常选课的经验,分析数据在学生、教师和教务处之间的传递和加工情况,得到的数据流图如图 2.4 所示。

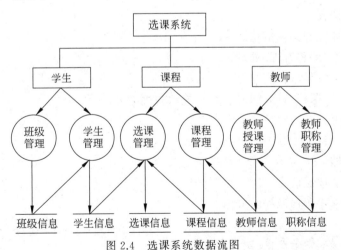

图 2.4 选课系统数据流图

3. 分析功能需求

分析功能需求就是分析该系统能实现哪些功能,用什么方式来实现这些功能。

参照上面的数据流图和切身的调查经验,得到如下功能需求。

- 班级信息管理功能：能够插入、更新、删除和查询班级的信息。
- 学生信息管理功能：能够插入、更新、删除和查询学生的信息。
- 课程信息管理功能：能够插入、更新、删除和查询课程的信息。
- 选课管理功能：能够插入、更新、删除和查询学生选课的信息及对应的考试成绩等。
- 教师授课信息管理功能：能够插入、更新、删除和查询教师的授课信息。
- 教师职称管理功能：能够插入、更新、删除和查询教师的职称的信息。

4. 制作数据字典

制作数据字典是一项特别细致烦琐的工作。这里针对每部分做一下示范,读者可以自行补充完成其他数据。

(1) 数据项：以学号为例,描述如下。

数据项名：学号。

数据项含义：唯一标识每一个学生。

别名：学生编号。

数据类型：字符型。

长度：10。

取值范围：00000000～99999999。

取值含义：前 4 位表示入学年份,后 4 位分别表示系部及班级序号。

与其他数据项的逻辑关系：无。

(2) 数据结构：以"学生"为例,描述如下。

数据结构名：学生。

含义说明：是选课系统的主体数据结构,定义了学生的有关信息。

组成：学号、姓名、性别、身份证号、年龄、所在班级。

(3) 数据流：以"课程信息"为例,描述如下。

数据流名：课程。

说明：有关课程的具体信息。

数据流来源："课程管理"处理。

数据流去向："课程信息"存储。

组成：课程号、课程名称、课时、学分、授课教师编号。

平均流量：每天 10 个。

高峰期流量：每天 100 个。

(4) 数据存储：以"选课信息"为例,描述如下。

数据存储名：选课信息。

说明：记录学生所选课程的成绩。

编号：无。

流入的数据流：学生信息、课程信息。

流出的数据流：选课信息。

组成：学号、课程号、成绩。

数据量：50000 个记录。

存取方式：随机存取。

（5）处理过程：以"选课管理"为例，描述如下。

处理过程名：选课管理。

说明：学生从可选修的课程中选择课程。

输入数据流：学生、课程。

输出数据流：学生选课。

处理：每学期学生都可以从公布的选修课程中选修自己愿意选修的。选课时有些选修课有选修课程的要求，还要保证选修课的上课时间不能与该生必修课时间相冲突，每个学生四年内的选修课门数不能超过 8 门。

 巩固提高

请登录本校的选课系统，分析其模块特征，做出适应本校特色的调查分析结果，并画出数据流图，制作数据字典，填写表 2.1。

表 2.1　本校选课系统需求分析

本校选课系统需求分析	
初体验	
流程	
优点	
不足	
深入调查研究	
本校选课系统的组织结构	
选课系统的数据流图	
功能需求分析	
数据字典制作	
体会心得：	

任务 2.2 概念设计

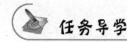 **任务导学**

任务描述

在系统需求分析的基础上,分析标注出系统中的实体和联系,并对系统做概念设计,画出系统 E-R 图。

学习目标

* 能够说出 E-R 图的基本要素。
* 能够将需求分析抽象出实体和联系。
* 能够画 E-R 图。

视频 2.2:概念设计

知识准备

1. 概念模型

数据库设计的第一步是在现实世界厘清系统要实现的功能,形成数据字典这样的数据信息。第二步就是要根据这些经过处理的信息,将其抽象为概念模型。

概念模型是面向用户的数据模型,是数据库设计人员与用户之间进行交流的语言。

2. 概念模型三要素

概念模型最常用的方法是实体—联系(entity-relationship)法。这种方法简单、实用。概念设计所使用的工具称为 E-R 图,它包含三个要素:实体、联系和属性。

(1) 实体(entity,E)。客观存在并且可以相互区别的事物称为实体,例如学生、课程等。在 E-R 图中,实体用矩形表示,如图 2.5 所示。

> 学生

图 2.5 实体的表示

(2) 联系(relationship,R)。实体间的相互关系称为联系。例如,实体学生和课程之间的关系是选课,那么选课就是一个联系。在 E-R 图中用菱形表示,如图 2.6 所示。

实体间存在的联系有以下三种。

① 一对一的联系。对于实体集 A 中每个实体,如果实体集 B 中至多只有一个实体与之联系,反之亦然,则两个实体间的联系是一对一的联系,记为 $1:1$。比如班级和班长之间,一个班级只有一个班长,一个学生也只能作为一个班的班长,所以他们的联系是一对一的。E-R 图画法如图 2.7 所示。

图 2.6 联系的表示　　　　　　　　图 2.7 一对一联系

② 一对多的联系。对于实体集 A 中每个实体,实体集 B 中有 n 个实体($n \geq 1$)与之联系;反之,对于实体集 B 中的每个实体,实体集 A 中至多只有一个实体与之联系,则称实体 A 与 B 之间为一对多的联系,记为 $1:n$。比如,班级与学生之间,一个班级可以有 n 个学生,而每个

学生只有一个班级,所以班级与学生之间的联系为 $1:n$。E-R 图画法如图 2.8 所示。

③ 多对多的联系。对于实体集 A 中每个实体,实体集 B 中有 n 个实体($n\geqslant1$)与之联系;反之,对于实体集 B 中的每个实体,实体集 A 中也有 m 个实体($m\geqslant1$)与之联系,则称实体 A 与 B 之间为多对多的联系,记为 $m:n$。比如,课程与学生之间,一个课程可以有多个学生选,每个学生也可以选多门课程,所以课程与学生之间的联系为 $m:n$。E-R 图画法如图 2.9 所示。

图 2.8　一对多联系　　　　　　图 2.9　多对多联系

(3) 属性(attribute,A)。描述实体和联系的特征称为属性。

能够唯一标识实体或联系中的属性或属性组称为主键(primary key,PK),主键只有一个。主键的属性称为主属性,其他属性称为非主属性。例如,实体学生中的学号可以唯一标识学生,所以可以设为主键,它是这个表的主属性;其他属性,例如姓名、性别等都是非主属性。

属性在 E-R 图中用椭圆表示,比如,学号和姓名是实体"学生"的属性。成绩是联系"选课"的属性,画法如图 2.10 所示。

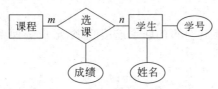

图 2.10　实体和联系中的属性

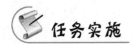

1. 标识实体

根据需求分析所得的数据字典,标识出选课系统中的实体、属性及主键如下。

班级(班级编号,班级名称)　PK 为班级编号

学生(学号,姓名,性别,年龄)　PK 为学号

课程(课程编号,课程名称,学分,学时)　PK 为课程编号

教师(工号,姓名,性别,年龄)　PK 为工号

职称(职称编号,职称名称)　PK 为职称编号

2. 画出实体 E-R 图

根据标识出的实体特征,很容易画出每个实体及其属性对应的 E-R 图,形成局部 E-R 图,如图 2.11 所示。

3. 确定联系,画出对应 E-R 图

根据需求分析所得的数据流图,很容易分析出选课系统中实体间存在的联系如下。

班级和学生之间是一对多的组员联系。学生和课程之间是多对多的选课联系,同时该

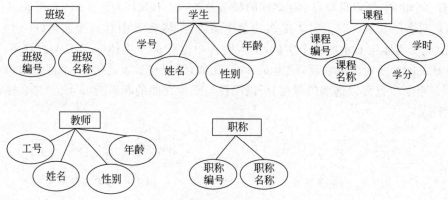

图 2.11　选课系统局部 E-R 图

联系还带有属性成绩。教师和课程之间是一对多的授课联系,如图 2.12 所示。职称和教师之间是一对多的属于联系,如图 2.13 所示。

图 2.12　职称与教师联系表示　　　　　图 2.13　教师与课程联系表示

4. 形成完整 E-R 图

将局部实体 E-R 图用上述分析的联系连接起来,形成选课系统总的 E-R 图,如图 2.14 所示。

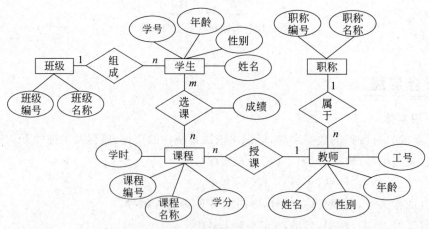

图 2.14　选课系统完整 E-R 图

 巩固提高

做本校选课系统的概念设计并将总结体会填到表 2.2 中。

表 2.2　本校选课系统概念设计

本校选课系统概念设计
标注其中的实体与属性,并画出 E-R 图:
实体
属性
E-R 图
写出其中的联系并画出整体 E-R 图:
联系
总 E-R 图
体会心得:

任务 2.3　逻辑结构设计

 任务导学

任务描述

在概念设计所画 E-R 图的基础上,将 E-R 图转换为关系模型,并用三范式对关系规范化,最后形成选课系统的数据表结构。

学习目标

- 能够描述关系模型的定义。
- 能够解释关系的术语。
- 能够运用实体转换为关系的方法。

视频 2.3:逻辑
结构设计

- 能够运用联系转换为关系的方法。
- 理解三范式的概念。
- 掌握关系规范化的方法。

知识准备

1. 关系模型及其三要素

数据模型是对现实世界数据特征的抽象,是数据库系统中用以提供信息表示和操作手段的形式框架。数据模型的三要素是数据结构、数据操作和数据约束关系。数据模型是用二维表结构表示的逻辑数据模型,它同样由数据模型的三要素组成。

(1)数据结构。数据库中的数据对象之间是相互联系的,数据结构一方面描述了与数据内容、类型和性质有关的对象,另一方面描述了数据与数据之间的联系。数据结构是数据模型的基础,数据操作和数据约束都建立在数据结构之上,不同的数据结构具有不同的操作和约束。数据结构的描述是数据库系统的静态特征,例如数据库中表的结构、视图的定义等。

(2)数据操作。数据操作是指对数据库中数据对象的操作。它描述了在对应的数据结构上的数据操作类型和方式,数据操作描述的是系统的动态特征,主要包括数据表的更新检索等。

(3)数据约束。数据约束是用来描述数据结构内部的数据完整性。数据完整性就是为了保证数据的正确性、有效性和一致性而在数据及其关系上建立的制约规则,比如创建的默认约束、主键约束、外键约束等。

2. 关系的术语

(1)关系。每个二维表称为一个关系,每个关系有一个关系名。比如学生表、课程表都可称为关系。

(2)元组。表中的行称为元组,也称为记录。

(3)属性。属性对应表中的列,也称为字段。给每个属性取一个名字即为属性名,其对应的属性称为属性值。

(4)域。属性的取值范围称为域。例如,学号的取值范围为 10 个长度的字符。

(5)主键(primary key,PK)。能够唯一标识关系中每一个元组的属性或属性组被称为主键,一个关系只有一个主键。比如,学号就是学生这个关系的主键。

(6)外键(foreign key,FK)。如果一个实体或联系的属性或属性组不是本实体或联系的主键,而是另一个实体的主键,则被称为本实体或联系的外键。外键用于实现实体之间的联系。

(7)关系模式。

关系模式是对关系的描述,一般形式如下:

关系名(属性 1,属性 2,…,属性 n)

比如,学生这个关系可以描述如下:

学生(学号,姓名,性别,出生日期)

3. 关系的定义

关系(relation)是满足一定条件的二维表,其需要满足的条件如下。

(1)关系的每一元组(行)定义实体的一个实例。

(2) 每一个字段(列)定义实体的一个属性,且列名不能重复。

(3) 关系必须有一个主键,用来唯一标识一行。

(4) 列的每个值的数据类型必须与定义的属性类型相同。

(5) 列是不可分割的最小数据项。

(6) 行和行之间或者列和列之间的顺序无关紧要。

4. 三范式的定义

(1) 第一范式(1NF)。第一范式是指数据表中的每一列都是不可分割的基本数据项,这也是成为关系模型的必需,所以不满足第一范式的数据库不是关系数据库。

(2) 第二范式(2NF)。第二范式首先满足第一范式,在此基础上,要求关系表中的每一列必须完全函数依赖于主关键字,不能有部分函数依赖关系。所谓完全函数依赖,就是指不能存在只依赖于主键一部分属性的情况。

(3) 第三范式(3NF)。第三范式首先满足第二范式,在此基础上要求关系表的每一列必须直接函数依赖于主关键字,不能有传递函数依赖关系。传递函数依赖是指如果存在列A决定列B,而列B又决定列C,则列C对列A是传递函数依赖关系。

 任务实施

1. 将选课系统 E-R 图中的实体转换为关系

将 E-R 图中的实体转换为关系的方法为:一个实体转换为一个关系,实体的属性就是关系的属性,实体的主键就是关系的主键。

依照这个方法,依次将选课系统 E-R 图中的实体转换为关系。为了学习书写方便,我们将中文名转换为英文名,如表 2.3 所示。

表 2.3 选课系统中实体对应的关系

E-R 图的实体	关 系
班级(班级编号,班级名称)	class(classno,classname)
学生(学号,姓名,性别,年龄,身份证号)	student(stuno,stuname,sex,age,ID)
课程(课程编号,课程名称,学分,学时)	course(courseno,coursename,credit,classhour)
教师(工号,姓名,性别,年龄)	teacher(teano,teaname,sex,age)
职称(职称编号,职称名称)	title(titleno,titlename)

2. 将选课系统 E-R 图中的联系转换为关系

联系的转换方法按照联系的类型可分为以下三种。

(1) 1:1 类型的联系转化为关系的方法,是把任一实体的主键加入另一个实体对应的关系中作为外键,同时把联系的属性也放入其中。

例如,在班级和班长 1:1 的联系中,如图 2.15 所示,可以把班级的主键属性放到班长中作为外键,也可以将班长的主键学号放到班级中作为外键。形成的关系模型如下。

班级:class(calssno,classname,stuno) PK 为 classno,FK 为 stuno

班长:monitor(stuno,stuname,age,sex) PK 为 stuno

或者

班长：monitor(<u>stuno</u>,stuname,age,sex,classno)　PK 为 stuno,FK 为 classno

班级：class(<u>calssno</u>,classname)　PK 为 classno

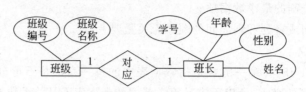

图 2.15　班长与班级的 1∶1 联系图

注意：选课系统中班长作为学生的一员,单独拿出来的意义不大,所以没有设计此种关系模型。

（2）1∶n 类型的联系转换为关系的方法,是将"1 方"实体的主关键字纳入"n 方"实体对应的关系中作为外键,同时把联系的属性也一并放入其中。

例如,在教师和课程的 1∶n 联系中,E-R 图如图 2.16 所示。可以把"1 方"教师的主键"工号"放入"n 方"课程中作为外键。同时如果联系中还有教学评价等属性,也可以一并加入(此处为了简化设计,没有加入教学评价等联系属性)。形成的关系模型如下。

课程：course(<u>courseno</u>,coursename,crdeit,classhour,teano)　PK 为 courseno,FK 为 teano

教师：teacher(<u>teano</u>,teaname,sex,age)　PK 为 teano

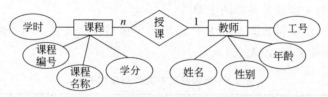

图 2.16　课程与教师的 1∶n 联系图

（3）m∶n 类型的联系转换为关系的方法,对于 m∶n 联系,必须单独建立一个关系,该关系的属性至少要包括双方实体的主关键字作为外键。如果联系有属性,也要归入这个关系中。

例如,在学生和课程的 m∶n 联系中,如图 2.17 所示,需要单独建一个选课关系,其中包含了学生表的主键学号和课程表的主键课程号,同时,将联系的属性成绩也加入选课关系中。主键可以选择学号和课程号的组合,也可以另外添加编号列作主键,形成的关系模型如下。

学生：student(<u>stuno</u>,stuname,sex,age,ID)　PK 为 stuno

课程：course(<u>courseno</u>,coursename,crdeit,classhour)　PK 为 courseno

选课：sc(<u>stuno</u>,<u>courseno</u>,score)　PK 为 stuno、courseno,FK 为 stuno、courseno

根据上述转换方法,选课系统最终转换的关系模型如下。

班级：class(<u>classno</u>,classname)　PK 为 classno

学生：student(<u>stuno</u>,stuname,age,sex,ID,classno)　PK 为 stuno,FK 为 classno

职称：title (<u>titleno</u>,titlename)　PK 为 titleno

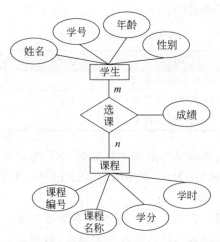

图 2.17　学生与课程的 $m:n$ 联系图

教师：teacher(<u>teano</u>,teaname,sex,age,titelno)　PK 为 teano,FK 为 titleno

课程：course(<u>courseno</u>,coursename,credit,classhour,teano)　PK 为 courseno,FK 为 teano

选课：sc(<u>stuno</u>,<u>courseno</u>,score)　PK 为 stuno、courseno,FK 为 stuno、courseno

3. 关系规范化

视频 2.4：关系
规范化

在前面的设计中,会发现对于相同的系统,概念设计不是唯一的,由概念设计结果而转换来的关系模型自然也不是唯一的。怎样调整关系模型的结构,使之达到最优呢? 通常以规范化的理论做指导,这种规范化的理论称为范式。一般来说,数据库设计时,只需满足第三范式就行了。

(1) 判断表 2.4 是否满足第一范式,并说明如果不满足应如何修改,才能使其满足第一范式。

分析：第一范式是指数据表中的每一列都是不可分割的基本数据项。在表 2.1 中,在数据列"课程情况"下又分了两列,显然课程情况列不是基本数据项,所以该表不满足 1NF,也不属于关系模型。要想使其满足 1NF,必须将此列分为两列,如表 2.5 所示。

表 2.4　不满足 1NF 的课程表

课程号	课程名	课 程 情 况	
		课时	学分
001	计算机应用	108	6

表 2.5　满足 1NF 的课程表

课程号	课程名	课时	学分
001	计算机应用	108	6

(2) 判断表 2.6 是否满足第二范式,并说明如果不满足,应如何修改,才能使其满足二范式。

分析：根据常识,可以看出表 2.6 的结构设计是有问题的,课程号、课程名、课时和学分部分存在大量数据冗余。试想,如果全校有 1000 人选修计算机应用课程,这三列数据就要重复写 1000 遍,这显然是不合适的。

表 2.6 规范化前的选课表

学号	课程号	课程名	课时	学分	成绩
S001	C001	计算机应用基础	108	6	98
S002	C001	计算机应用基础	108	6	95
S003	C002	数据库应用技术	72	4	85

如何从理论上判断它是否满足二范式呢?根据 2NF 的定义,首先要满足 1NF,显然表中所有列都是不可再分的,满足 1NF。再来对应 2NF 的另一个条件:表中每一列完全函数依赖于主键,没有部分函数依赖。

首先需要确定表的主键。在这个表中,显然只有学号和课程号的组合是唯一的,所以该表的主键是学号和课程号的组合。然后确定非主属性,也就是除了学号和课程号之外的那些属性(课程名、课时、学分和成绩)和主属性的关系。

试想,不管是哪位同学选 C001 号课程,该门课的名称、课时和学分都不会发生变化。

所以,课程名、课时、学分这三列只是依赖于课程号,而不依赖于学号。也就是说这三列只依赖于主键的一部分属性,所以这三列与主键之间是部分函数依赖关系。

而成绩列对应不同的学号和课程号,成绩也不同,所以成绩依赖于主键的所有属性,它对主键是完全函数依赖关系。

通过上面的分析可以判断:因为选课表中有部分函数依赖关系,所以这个选课表不满足 2NF,需要进一步修改。那么如何修改这个表,才能满足第二范式呢?

首先,将存在部分函数依赖关系的列与其依赖的部分主键列分离出来,形成一个新的关系表。也就是说,可以将课程名、课时和学分剥离出来与主属性课程号,形成一个新表存放课程信息,如表 2.7 所示。

表 2.7 课程表

课程号	课程名	课时	学分
C001	计算机应用基础	108	6
C002	数据库应用技术	72	4

然后,将剩下学号、课程号和成绩列组成一个新的选课表,存放选课信息,如表 2.8 所示。这样,就将原来不满足 2NF 的选课表分成了两个表。这两个表都满足第二范式,同时也消除了数据冗余。

表 2.8 选课表

学号	课程号	成绩
S001	C001	98
S002	C001	95
S003	C002	85

(3)分析表 2.9 的教师表是否满足第三范式,并说明如果不满足,如何修改才能使其满足三范式。

表 2.9　规范化前的教师表

工号	姓名	性别	年龄	职称编号	职称名称
001	张三	男	28	001	讲师
002	李四	女	26	001	讲师
003	王五	女	27	001	讲师

分析：根据常识，会发现这个表的设计是有问题的，它存在大量的冗余。假设全校有200名讲师，那么"职称名称"列的"讲师"数据就需要重复200遍，这显然会造成巨大的数据冗余，是非常不合适的。

如何从理论上来判断它是否满足第三范式吗？根据第三范式的定义，首先分析是否满足第二范式。可以看出，教师表的主键是工号，如果工号改变，其他列（非主属性）的值也会相应改变，所以非主属性对主键都是完全函数依赖关系，它满足第二范式。然后分析是否满足第三范式的条件：表中没有传递函数依赖关系。依次看表中的非主属性，姓名、性别、年龄、职称编号都是由工号直接决定的，所以，它们与工号之间是直接函数依赖关系。但是，职称名称与前面这几列不同，它本身不是直接由工号决定的，而是由职称的编号决定的，它对职称编号是直接依赖关系。而职称编号又由工号决定，所以职称名称对工号是间接函数依赖关系。

由此可以判断：因为表中存在间接函数依赖关系，所以教师表不是第三范式。

那么怎么修改这个表，使它满足第三范式呢？

修改表使其满足第三范式，就要取消表中的传递函数依赖关系。可以将存在传递函数依赖关系的列和与其存在直接依赖关系的列分离出来，形成新表。也就是说可以将职称名称与职称编号分离出来创建新的职称表，如表2.10所示。然后将教师表中剩余的列，即工号、姓名、性别、年龄和职称编号组成新的教师表，如表2.11所示。这样将不满足第三范式的教师表分离成两个表，教师表和职称表。

表 2.10　满足第三范式的职称表

职 称 编 号	职 称 名 称
001	讲师
001	讲师
001	讲师

表 2.11　满足第三范式的教师表

工号	姓名	性别	年龄	职称编号
001	张三	男	28	001
002	李四	女	26	001
003	王五	女	27	001

可以看出，这两个表每一列对主键都是直接传递依赖关系，都满足了第三范式，同时也消除了冗余。

（4）用第三范式的理论来规范选课系统的数据表，最终得到的数据模型如下。

班级：class(classno,classname)　PK 为 classno

学生：student(<u>stuno</u>,stuname,birthday,sex,ID,classno)　PK 为 stuno,FK 为 classno

职称：title (titleno,titlename)

教师：teacher(<u>teano</u>,teaname,sex,age,titleno)　PK 为 teano,FK 为 titleno

课程：course (<u>courseno</u>,coursename,credit,classhour,teano)　PK 为 courseno,FK 为 teano

选课：sc(<u>stuno</u>,<u>courseno</u>,score)　PK 为 stuno、courseno,FK 为 stuno、courseno

 巩固提高

填写下表的内容,将本校选课系统的概念设计 E-R 图转换为关系,并进行关系规范化,最后总结体会。

本校选课系统逻辑结构设计
实体转换为关系
联系转换为关系
关系规范化
体会心得

项目小结

本项目通过设计选课系统数据库,使读者了解了数据库设计的基本思路和大致流程,并能掌握其中的一些设计方法:结构化分析方法、E-R 图的画法、概念设计到逻辑设计的转换,以及关系规范化等。面对复杂的数据库设计,除了这些理论知识外,还需要丰富的实践经验,需要我们在之后的学习和生活中用心积累。

同步实训 2 学生党员发展管理数据库设计

1. 实训描述

进入大学之后,要求入党的学生越来越多。为了更好地做好学生党员的发展管理工作,某高校决定设计一套学生党员发展管理数据库系统。该系统可以使学生党员的发展更加规范化,对党员材料的管理和审核更加清晰透明,从而有效地提高了学生党员的发展管理水平。

2. 实训要求

首先对本校党组织发展党员流程做详细调研,画出相应的数据流图,制作数据字典,并据此做概念设计,画出对应的 E-R 图,最后将 E-R 图转换为数据表,并进行规范化,形成数据表。

3. 实施步骤

1)需求分析

(1)学生党员发展管理组织结构分析。根据实际情况确定实际的组织图,通常有党支部、学生、联系人,培养发展阶段等。

(2)学生党员发展管理数据流图分析。根据组织结构图确定数据流图,包括数据的流入和流出,以及数据的存放形式等。

(3)分析系统功能需求。

(4)制作数据字典。

(5)综合上面的分析,写出完整的需求分析报告。

2)概念设计

(1)选择需求分析数据字典标注实体。

(2)具体分析各实体的属性,画出各实体的 E-R 图。

(3)分析标注的实体之间的联系。

(4)画出系统完整的 E-R 图。

3)逻辑设计

(1)将 E-R 图转换为关系。

(2)对关系进行规范化,使其满足三范式。

学习成果达成测评

项目名称	设计选课系统数据库		学时	6	学分	0.3
安全系数	1级	职业能力	数据库设计能力		框架等级	6级
序号	评价内容	评价标准				分数
1	需求分析	了解结构化分析方法,会画数据流图				
2	数据字典	了解数据字典的组成,能根据数据流图制作数据字典				
3	概念模型的基本概念	了解实体、属性、联系、主键等基本概念				
4	E-R图	能够根据需求分析抽象出实体和联系,会画 E-R 图				
5	关系模型基本概念	理解关系模型三要素、关系的定义和关系中的术语				
6	概念模型到逻辑模型的转换	能够熟练应用实体的和三种联系的转换方法,将概念模型转换为关系				
7	表的规范化	掌握三范式概念,能够用三范式修正、规范数据表				
	项目整体分数(每项评价内容分值为 1 分)					
考核评价	指导教师评语					

项目自测

一、知识自测

1. 下列属于需求分析阶段得到的结果是(　　)。

　　A. E-R 图　　　　B. 数据表　　　　C. 数据流图　　　　D. 关系模型

2. E-R 方法的三要素是(　　)。

　　A. 实体、属性、联系　　　　　　　　B. 实体、主键、联系

　　C. 实体、属性、实体集　　　　　　　D. 主键、联系、属性

3. 在 E-R 模型中,实体间的联系用(　　)图标来表示。

　　A. 矩形　　　　B. 直线　　　　C. 菱形　　　　D. 椭圆

4. 设 R 是一个关系模式,如果 R 中的每个属性都是不可分解的,则称 R 属于(　　)。

　　A. 第一范式　　B. 第二范式　　C. 第三范式　　D. BC 范式

5. 如果对于实体集 A 中的每一个实体,实体集 B 中有多个实体与之联系;反之,对于实体集 B 中的每一个实体,实体集 A 中也可有多个实体与之联系,则称实体集 A 与 B 具有（　　）。

    A. 1∶1 联系　　　　　　　　　　　B. 1∶n 联系

    C. m∶n 联系　　　　　　　　　　D. 多种联系

6. 下列关于关系数据模型的术语中,最接近二维表中的"行"的概念的是（　　）。

    A. 属性　　　　　　B. 关系　　　　　　C. 域　　　　　　D. 元组

7. 下列对于关系的叙述中,不正确的是（　　）。

    A. 关系中的每个属性是不可分解的

    B. 在关系中元组的顺序是无关紧要的

    C. 任意的一个二维表都是一个关系

    D. 每一个关系仅有一种记录类型

8. 下列关于规范化理论的叙述中,不正确的是（　　）。

    A. 规范化理论是数据库设计的理论基础

    B. 规范化理论最主要的应用是在数据库概念结构设计阶段

    C. 规范化理论最主要的应用是在数据库逻辑结构设计阶段

    D. 在数据库设计中,有时候会降低规范化程度而追求高查询性能

9. 在关系模式中,满足 2NF 的模式（　　）。

    A. 可能是 1NF　　　　　　　　　　B. 必定是 1NF

    C. 必定是 3NF　　　　　　　　　　D. 必定是 BCNF

10. 关系模式中的关系模式至少是（　　）。

    A. 1NF　　　　　　B. 2NF　　　　　　C. 3NF　　　　　　D. BCNF

二、技能自测

(1) 已知某图书管理系统的数据流图,如图 2.18 所示。根据数据流图结合实际情况,设计数据字典,并画出对应的 E-R 图。

(2) 已知某销售系统 E-R 图,如图 2.19 所示。请将此 E-R 图,按照规范转换为关系模型。

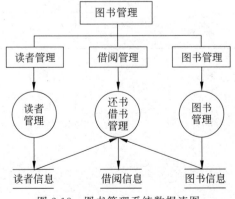

图 2.18　图书管理系统数据流图

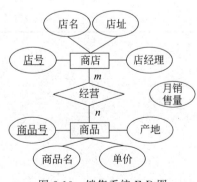

图 2.19　销售系统 E-R 图

学习成果实施报告

请填写下表,简要总结在本项目学习过程中完成的各项任务,描述各任务实施过程中遇到的重点、难点以及解决方法,并谈谈自己在项目中的收获与心得。

题目					
班级		姓名		学号	
任务学习总结(建议画思维导图):					
重点、难点及解决方法:					
举例说明在知识技能方面的收获:					
举例谈谈在职业素养等方面的思考和提高:					
考核评价(按 10 分制)					
教师评语:				态度 分数	
				工作 分数	

项目 3 操作选课系统数据库与表

项目目标

知识目标：	能力目标：	素质目标：
(1) 能够描述数据库文件的概念。 (2) 能够说明 MySQL 的存储引擎的概念以及几种存储引擎的特点。 (3) 能够描述数据完整性的概念。	(1) 能够用 SQL 语句创建、删除、修改和查看数据库和表。 (2) 能够用 SQL 语句在创建和修改表时给表添加删除约束。 (3) 能够用 SQL 语句插入、更新和删除表中的数据。	(1) 通过 SQL 代码的书写与执行，养成沉稳细致的编程习惯。 (2) 通过约束的创建，培养严谨缜密的逻辑思维习惯。

项目情境

数据库的开发分为六个步骤：需求分析、概念设计、逻辑设计、物理设计、应用开发与系统维护。项目 2 中，我们通过前三个步骤对选课系统数据库进行了规范化的设计，形成了六个关系表，如图 3.1 所示。

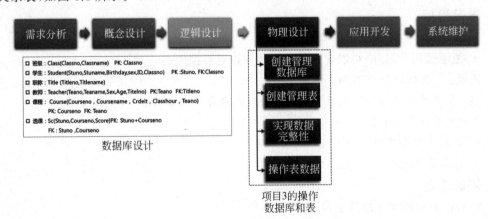

图 3.1 本项目在数据库开发中的位置

本项目中，我们将实现数据库的物理设计部分。首先，创建选课系统数据库，然后在该数据库下创建表及约束，并对表中的数据进行插入、更新和删除等操作。虽然在项目 1 中我们已经学过用 Navicat 图形界面管理工具创建数据库和表，但多数情况下，用 SQL 语句操作数据库和表更加方便。本项目中我们将学习用 SQL 语句操作选课系统数据库和表。

学习建议

- 可以先用项目 1 中学习的 Navicat 做任务,从而更加理解每条语句的用法。
- "任务导学"中的语法部分可先大体了解,在任务实施过程中再根据具体情况查看该语法,研究具体用法。
- 对存储引擎以及数据文件等理论知识的理解可以通过查看文件存放位置以及表的属性等来直观感受理解。
- 本项目开始进入代码书写阶段。代码书写要严谨认真,要特别注意一些小细节。
- 整个项目是一个整体,前面任务设计不合理,会导致后面任务无法运行。比如,操作数据失败的原因大多来自不合理的表设计,所以任务实施要循序渐进,稳扎稳打。

 思政窗口

欲速则不达,谈谈数据库操作过程中基本职业素养的养成。

文档 3.1:数据库操作过程中基本职业素养的养成

任务 3.1 操作数据库

 任务导学

任务描述

用 SQL 语句方式创建选课数据库,并修改和查看该数据库。

学习目标

- 能够说出数据库文件的概念。
- 能够运用 SQL 语句创建、删除、修改和查看数据库。

提示:下面回顾一下旧知。

(1) 参考项目 1 任务 1.3,用 Navicat 创建选课系统数据库。

(2) 回答以下问题:

① 在创建数据库时需要设置哪些参数?

② 什么是 MySQL 字符集?

知识准备

1. 操作数据库的语法及说明

(1) 创建数据库。语法格式如下。

```
CREATE DATABASE 数据库名
CHARACTER SET 字符集名
COLLATE 排序规则
```

语法说明如下。

- 数据库名在该服务器下必须唯一。

- 字符集名和排序规则可以省略,在 MySQL 8.0 中,默认的字符集为 utf8mb。

(2) 修改数据库。语法格式如下。

```
ALTER DATABASE 数据库名
CHARACTER SET 字符集名
COLLATE 排序规则
```

(3) 查看数据库。

① 查看服务器下的所有数据库,语法格式如下。

```
SHOW DATABASES
```

② 查看创建数据库的具体信息,语法格式如下。

```
SHOW CREATE DATABASE 数据库名
```

(4) 删除数据库。语法格式如下。

```
DROP DATABASE 数据库名
```

2. 数据库文件

在 MySQL 默认数据存放路径下(C:\ProgramData\MySQL\MySQL Server 8.0\Data),每个数据库都有一个与其同名的文件夹,该文件夹下的每一个数据表都对应一个 ibd 文件。

 任务实施

视频 3.1:SQL 语句
创建管理数据库

1. 创建数据库

(1) 参考项目 1 任务 1.2,用命令登录服务器,如图 3.2 所示。

```
C:\Users\miker>mysql -h localhost -u root -p
Enter password: ******
```

图 3.2　登录服务器

(2) 使用 CREATE DATABASE 语句创建选课系统数据库 xk,语句如下。

```
CREATE DATABASE xk
CHARACTER SET utf8mb4;
```

该语句表示要创建的数据库的名字为 xk,字符集为 utf8mb4。执行结果如图 3.3 所示。提示信息中 Query OK 表示执行成功,1 row affected 表示 1 行受到影响。

2. 查看数据库

(1) 使用 SHOW DATABASES 查看服务器下的数据库,结果如图 3.4 所示。可以看出选课系统数据库 xk 已经成功创建。

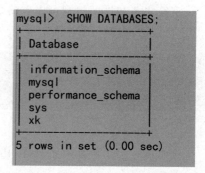

图 3.3　创建数据库命令的执行结果

图 3.4　查看服务器下的数据库

（2）数据库文件创建完成后,在默认数据文件路径下会创建一个该数据库的文件夹。查看该目录,会发现数据库 xk 的文件夹已经存在,如图 3.5 所示。

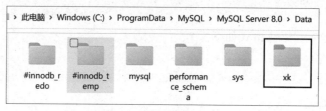

图 3.5　查看数据库文件

（3）使用 SHOW CREATE DATABASE 查看选课系统数据库的具体信息,语句如下。

```
SHOW CREATE DATABASE xk
```

结果如图 3.6 所示,详细显示了数据库的字符集和排序规则等信息。

```
mysql> SHOW CREATE DATABASE XK;

| Database | Create Database |

| XK      | CREATE DATABASE `XK` /*!40100 DEFAULT CHARACTER SET utf8mb4 COLLATE utf8mb4_0900_ai_ci */ /*!80016 DEFAULT
ENCRYPTION='N' */ |

1 row in set (0.00 sec)
```

图 3.6　查看选课系统数据库

3. 修改数据库

用 ALTER DATABASE 修改选课系统数据库,将其字符集改为 gb2312,并查看修改后的数据库,语句如下。

```
ALTER DATABASE xk CHARACTER SET gb2312;
SHOW CREATE DATABASE xk;
```

结果如图 3.7 所示,xk 数据库的字符集已经修改。

```
mysql> ALTER DATABASE XK CHARACTER SET gb2312;
Query OK, 1 row affected (0.04 sec)

mysql> SHOW CREATE DATABASE XK;
+----------+--------------------------------------------------------------------------------------------+
| Database | Create Database                                                                            |
+----------+--------------------------------------------------------------------------------------------+
| XK       | CREATE DATABASE `XK` /*!40100 DEFAULT CHARACTER SET gb2312 */ /*!80016 DEFAULT ENCRYPTION='N' */ |
+----------+--------------------------------------------------------------------------------------------+
1 row in set (0.00 sec)
```

图 3.7　修改数据库

4. 删除数据库

使用 DROP DATABASE 删除 xk 数据库，然后查看服务器下的数据库，语句如下。

```
DROP DATABASE xk;
SHOW DATABASES;
```

执行结果如图 3.8 所示，可以看出 xk 数据库已经成功删除。

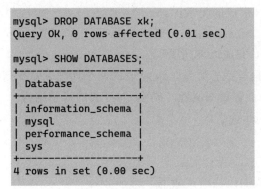

```
mysql> DROP DATABASE xk;
Query OK, 0 rows affected (0.01 sec)

mysql> SHOW DATABASES;
+--------------------+
| Database           |
+--------------------+
| information_schema |
| mysql              |
| performance_schema |
| sys                |
+--------------------+
4 rows in set (0.00 sec)
```

图 3.8　删除 xk 数据库

 巩固提高

（1）登录 MySQL 服务器，用 SQL 命令创建 xk 数据库，然后查看数据库具体信息。

（2）填表 3.1，总结操作数据库的语句。

表 3.1　操作数据库语句总结

功　　能	语　　句	举　　例
创建数据库		
查看服务器下的数据库		
查看具体数据库信息		
修改数据库		
删除数据库		

任务 3.2 操作表

 任务导学

任务描述

确定 class 表的结构,并用 SQL 语句创建 class 表,然后对 class 表进行查看、修改和删除等操作。

学习目标

- 了解 MySQL 中存储引擎的概念以及几种存储引擎的特点。
- 能够运用 SQL 语句创建、查看和修改表。

回顾旧知

参考项目 2 任务 2.3 形成的关系:

班级:class(classno,classname)　　PK 为 classno

回顾项目 1 任务 1.4,完成以下问题

① MySQL 中的数据类型有哪些? class 表的两个列分别需要用哪种数据类型?

② 创建表时还需要设置哪些属性? 确定 class 表的详细结构。

③ 用 Navicat 创建 class 表。

知识准备

1. 表操作

(1) 创建表。创建表的语法格式如下。

```
CREATE TABLE 表名
( 字段定义 1,
字段定义 2
...
字段定义 n
);
```

其中,字段定义格式如下。

```
字段名 类型 [NOT NULL|NULL][DEFAULT 默认值]
[AUTO_INCREMENT] [UNIQUE KEY][PRIMARYKEY]
```

语法说明如下。

- [NOT NULL|NULL]:表示字段是否为空。
- [DEFAULT 默认值]:表示设置默认值。
- AUTO_INCREMENT:设置字段自增长,只有整型字段才能设置。
- UNIQUE KEY:唯一性约束。
- PRIMARYKEY:主键约束。

（2）修改表。

• 修改表名：

```
ALTER TABLE 源表名 RENAME 新表名;
```

• 修改字段名：

```
ALTER TABLE 表名 CHANGE 原字段名 新字段名 新数据类型;
```

• 修改字段属性：

```
ALTER TALBE 表名 MODIFY 字段名 字段属性;
```

• 添加字段：

```
ALTER TABLE 表名 ADD 字段名 字段属性;
```

• 删除字段：

```
ALTER TABLE 表名 DROP 字段名;
```

（3）查看表。

• 查看数据库中的表：

```
SHOW TABLES
```

• 查看创建表的具体信息：

```
SHOW  CREATE TABLE 表名;
```

• 查看表的结构：

```
DESC 表名;
```

（4）复制表。

• 复制表结构和数据：

```
CREATE TABLE 新表名 SELECT * FROM 源表名;
```

• 仅复制表结构：

```
CREATE TABLE 新表名 SELECT * FROM 源表名 WHERE FALSE;
```

（5）删除表。

```
DROP TABLE 表名;
```

2. 存储引擎

（1）存储引擎的概念。存储引擎就是存储数据、创建索引和查询更新数据等技术的实现方法。因为在关系数据库中数据是以表的形式进行存放的，所以存储引擎也就是表的类型。在其他的数据库，比如 Oracle 和 SQL Server 数据库中只有一种存储引擎，所有数据的存放方式都是一样的。而 MySQL 数据库提供了多种存储引擎，用户可以根据需要进行选择。

（2）MySQL 常用的存储引擎。

① innoDB 存储引擎：MySQL 的默认事务型引擎，也是最重要、使用最广的存储引擎，它可以处理多重并发的更新请求，支持事务、外键和自动增加列，还能够自动进行灾难后恢复。

② MyISAM 存储引擎：提供了全文索引、压缩等功能，广泛应用于 Web 和数据仓储应用环境下。因为其在筛选大量数据时非常迅速，所有选择密集型表时一般选用该存储引擎。

③ Memory 存储引擎：把表中的数据存放到内存中，不需要磁盘 I/O，因此查询速度非常快，主要适用于目标数据较小，且频繁访问的数据。重启后，Memory 表结构会保留，但数据会丢失，一般用于存储临时表。

④ CSV 存储引擎：可将普通的 CSV 文件作为 MySQL 表处理，可以作为数据交换的机制。

 任务实施

1. 创建表

（1）确定表结构。项目 2 中我们已经设计了选课系统数据库关系表，在进行具体建表之前，还需要确定表中各字段的属性。根据分析确定班级表（class）的结构，如表 3.2 所示。

表 3.2　class 表结构

列　　名	数据类型	是否为空	键/索引	默认值	说　　明
classno	CHAR(10)	否	主键		班级编号
classname	VARCHAR(50)	否			班级名称

（2）用 SQL 语句创建表。登录 MySQL 服务器后，首先用 USE 语句打开 xk 数据库，然后用 CREATE TABLE 语句创建 class 表，语句如下。

```
USE xk
CREATE TABLE class
(classno CHAR(10) NOT NULL PRIMARY KEY,
  classname VARCHAR(50) NOT NULL
);
```

视频 3.2：用 SQL
语句创建表

执行结果如图 3.9 所示。

```
mysql> CREATE TABLE class
    -> (classno CHAR(10) NOT NULL PRIMARY KEY,
    -> classname VARCHAR(50) NOT NULL
    -> );
Query OK, 0 rows affected (0.07 sec)
```

图 3.9 创建 class 表

2. 查看表

(1) 使用 SHOW TABLES 查看数据库中的表。

查看 xk 数据库中的表,语句如下。

```
USE xk;
SHOW TABLES;
```

执行结果如图 3.10 所示,可以看出 xk 数据库中存在一个表 class。

```
mysql> USE xk;
Database changed
mysql> SHOW TABLES;
+-------------+
| Tables_in_xk |
+-------------+
| class       |
+-------------+
1 row in set (0.00 sec)
```

图 3.10 查看数据库中的表

(2) 使用 SHOW CREATE TABLE 查看 class 表的定义,语句如下。

```
SHOW CREATE TABLE class;
```

执行结果如图 3.11 所示。该语句查询了表的完整定义,除了列的属性外,还包含默认的存储引擎和字符集。

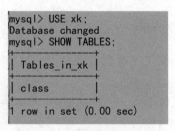

图 3.11 查看表的定义

(3) 也可用 DESC 语句查看 class 表的结构,语句如下。

```
DESC class;
```

结果如图 3.12 所示。可以显示表的字段名,数据类型是否为空,约束默认值等信息。

```
mysql> DESC class;
+-----------+-------------+------+-----+---------+-------+
| Field     | Type        | Null | Key | Default | Extra |
+-----------+-------------+------+-----+---------+-------+
| classno   | char(10)    | NO   | PRI | NULL    |       |
| classname | varchar(50) | NO   |     | NULL    |       |
+-----------+-------------+------+-----+---------+-------+
2 rows in set (0.00 sec)
```

图 3.12 用 DESC 查看表的结构

视频 3.3:用 SQL
语句管理表

3. 修改表

创建表后,发现表的结构需要修改,可以用 ALTER TABLE 修改表。

(1)用 RENAME 修改表名。将 class 表的名字改为"班级表",语句
如下。

ALTER TABLE class RENAME 班级表;

查看数据库中的表,发现表名已经改为班级表,如图 3.13 所示。

```
mysql> ALTER TABLE class rename 班级表;
Query OK, 0 rows affected (0.02 sec)

mysql> SHOW TABLES;
+-------------+
| Tables_in_xk |
+-------------+
| 班级表       |
+-------------+
1 row in set (0.04 sec)
```

图 3.13 修改表的名字

(2)用 CHANGE 修改字段名。修改班级表中 classname 的字段名为"班级名称",语句
如下。

ALTER TABLE 班级表 CHANGE classname 班级名称 VARCHAR(50);

用 DESC 查看表的结构,发现字段名已经改变,如图 3.14 所示。

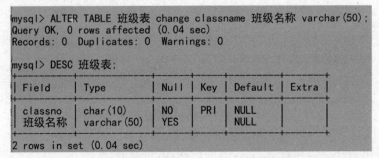

```
mysql> ALTER TABLE 班级表 change classname 班级名称 varchar(50);
Query OK, 0 rows affected (0.04 sec)
Records: 0  Duplicates: 0  Warnings: 0

mysql> DESC 班级表;
+----------+-------------+------+-----+---------+-------+
| Field    | Type        | Null | Key | Default | Extra |
+----------+-------------+------+-----+---------+-------+
| classno  | char(10)    | NO   | PRI | NULL    |       |
| 班级名称  | varchar(50) | YES  |     | NULL    |       |
+----------+-------------+------+-----+---------+-------+
2 rows in set (0.04 sec)
```

图 3.14 修改 class 表的字段名

（3）用 ADD 添加表字段。给 class 表添加新字段 depno（系部编号），语句如下。

```
ALTER TABLE 班级表 ADD depno CHAR(10);
```

执行结果如图 3.15 所示。

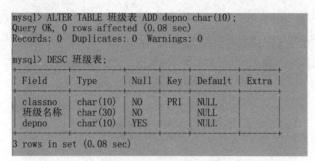

图 3.15 给班级表添加字段

（4）用 MODIFY 修改字段属性。在修改字段名时可以修改字段属性，也可以用 MODIFY 语句修改字段属性和所在位置等。

① 将字段"班级名称"的数据类型改为 CHAR(30)且不能为空，语句如下。

```
ALTER TABLE 班级表 MODIFY 班级名称 CHAR(30) NOT NULL;
```

执行结果如图 3.16 所示，可以看出班级名称列的属性已经按要求改变了。

```
mysql> ALTER TABLE 班级表 MODIFY 班级名称 CHAR(30) NOT NULL;
Query OK, 0 rows affected (0.05 sec)
Records: 0  Duplicates: 0  Warnings: 0

mysql> DESC 班级表;
+----------+----------+------+-----+---------+-------+
| Field    | Type     | Null | Key | Default | Extra |
+----------+----------+------+-----+---------+-------+
| classno  | char(10) | NO   | PRI | NULL    |       |
| 班级名称 | char(30) | NO   |     | NULL    |       |
+----------+----------+------+-----+---------+-------+
2 rows in set (0.00 sec)
```

图 3.16 修改字段数据类型

② 修改表班级表，将班级名称列放到 depno 列后面，语句如下。

```
ALTER TABLE 班级表 MODIFY 班级名称 CHAR(30) AFTER depno;
```

此处因为在某列的后面，所以用到关键字 AFTER，执行结果如图 3.17 所示。如果该列是第一列，则需要用到关键字 FIRST。

（5）DROP 删除表字段。将班级表中的字段 depno 删除，语句如下。

```
ALTER TABLE 班级表  DROP depno;
```

执行结果如图 3.18 所示。

（6）修改表的存储引擎。将 class 表的存储引擎修改为 MyISAM，语句如下。

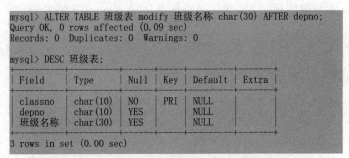

图 3.17　更改字段位置

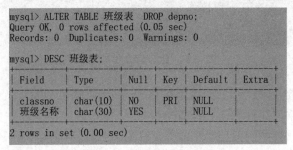

图 3.18　删除表中的字段

```
ALTER TABLE 班级表 ENGINE=MyISAM;
```

此处 ENGINE 表示存储引擎。

查看表的定义,可以看出该表的存储引擎已改为 MyISAM,如图 3.19 所示。

```
mysql> ALTER TABLE 班级表 engine=MyISAM;
Query OK, 0 rows affected (0.10 sec)
Records: 0  Duplicates: 0  Warnings: 0

mysql> SHOW CREATE TABLE 班级表;
+--------+----------------------------------------------------------------+
| Table  | Create Table                                                   |
+--------+----------------------------------------------------------------+
| 班级表 | CREATE TABLE `班级表` (
 `classno` char(10) NOT NULL,
 `班级名称` char(30) DEFAULT NULL,
 PRIMARY KEY (`classno`)
) ENGINE=MyISAM DEFAULT CHARSET=utf8mb4 COLLATE=utf8mb4_0900_ai_ci |
+--------+----------------------------------------------------------------+
1 row in set (0.04 sec)
```

图 3.19　修改表的引擎

4. 复制表

在 MySQL 中可以复制表的结构和数据到新表中。复制表可以在同一数据库中执行,也可在不同的数据库之间执行。

(1) 复制表结构和数据到新表。为了复制表的数据,可以先用 Navicat 向班级表插入两行数据,然后在 xk 数据库中复制班级表的结构和数据到新表 class 表中,语句如下。

```
CREATE TABLE class SELECT * FROM 班级表;
```

执行结果如图 3.20 所示。可以看到 xk 数据库中多了一个 class 表,并且班级表中的 2 行数据也复制到了 class 表中。

```
mysql> CREATE TABLE class SELECT * FROM 班级表;
Query OK, 2 rows affected (0.06 sec)
Records: 2  Duplicates: 0  Warnings: 0

mysql> SHOW TABLES;
+------------+
| Tables_in_xk |
+------------+
| class      |
| 班级表     |
+------------+
2 rows in set (0.00 sec)
```

图 3.20   复制表结构及数据

(2) 只复制表结构到新表。创建新数据库 xk2,在 xk2 数据库中只复制班级表的结构到新表 class2 中,语句如下。

```
CREATE TABLE xk2.class2 SELECT * FROM xk.班级表 WHERE FALSE;
```

执行结果如图 3.21 所示。语句执行成功,但 0 行受影响。也就是说只复制了表的结构,但没有复制表中的数据。更换当前数据库为 xk2,查看 xk2 中已经存在的表 class2。

```
mysql> CREATE DATABASE XK2;
Query OK, 1 row affected (0.03 sec)

mysql> CREATE TABLE xk2.class2  SELECT * FROM xk.班级表 WHERE FALSE;
Query OK, 0 rows affected (0.06 sec)
Records: 0  Duplicates: 0  Warnings: 0

mysql> USE XK2;
Database changed
mysql> SHOW TABLES;
+-------------+
| Tables_in_xk2 |
+-------------+
| class2      |
+-------------+
1 row in set (0.00 sec)
```

图 3.21   复制表的结构

注意:当源表和新表属于不同数据库时,需要在源表名前添加数据库名字,格式为"数据库名.源表名",如"xk.班级表"。

5. 删除表

删除表时,表的结构、表的约束和表中的数据等将会被全部删除。可以一次删除一个表,也可以一次删除多个表,表名间用逗号隔开。

例如,删除 xk 数据库中的班级表和 xk2 数据库中的 class2 表,语句如下。

```
DROP TABLE xk.班级表,xk2.class2;
```

执行结果如图 3.22 所示,可以看出 xk 数据库中的班级表和 xk2 中的 class2 表都已经被删除。

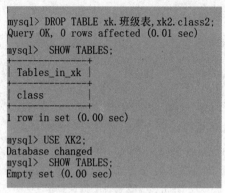

```
mysql> DROP TABLE xk.班级表,xk2.class2;
Query OK, 0 rows affected (0.01 sec)
mysql>  SHOW TABLES;
+-------------+
| Tables_in_xk |
+-------------+
| class       |
+-------------+
1 row in set (0.00 sec)

mysql> USE XK2;
Database changed
mysql>  SHOW TABLES;
Empty set (0.00 sec)
```

图 3.22 删除表

 巩固提高

（1）参照任务实施的步骤,操作职称表(title),分别完成表的创建、查看、修改和删除操作。

（2）总结操作表的语句,把语句填写到表 3.3 中。

表 3.3 操作表语句总结

功　能	语　句	举　例
创建表		
查看数据库中的表		
查看表的定义		
查看表的结构		
修改表名		
修改字段名		
修改字段数据类型		
修改字段位置		
添加字段		
删除字段		
修改表的存储引擎		
复制表结构和数据		
只复制表的结构		
删除表		

任务 3.3　实现表的数据完整性

 任务导学

任务描述

确定 student、title、teacher、course 和 sc 这五个表的结构及其数据完整性的设定,然后创建或修改 5 个表,并完成约束的创建。

学习目标

- 能够描述数据完整性的概念。
- 能够用 SQL 语句在创建表时创建主键、默认值、唯一性及外键约束。
- 能够用 SQL 语句在修改表时添加或删除主键、默认值、唯一性及外键约束。

提示:回顾项目 1 中的任务 1.4,完成以下两个任务。

(1) 解释三个概念:主键、外键和域。

(2) 用 Navicat 创建 student 表及其约束。

知识准备

1. 数据完整性

(1) 基本概念。数据完整性就是数据的准确性和一致性。比如,学生的年龄是 300 岁,这样的数据就是不准确的,在学生表中张三的学号是 001,在选课表中他的学号变为 005,那这样的数据就是不一致的。

(2) 分类。如何保持数据的完整性呢?数据完整性包括以三个方面。

① 实体完整性。实体完整性也称为表的完整性,是指表中的每一行数据都反映不同的实体,不能存在重复的数据行。可以通过给表设置主键来实现实体完整性。比如在任务 3.2 中通过在班级表的班级号上添加主键,完成了该表的实体完整性。

② 域的完整性。域的完整性也称为列的完整性,它可以确保列数据的有效性。通过限定数据类型,检查约束、默认值、非空约束等,可以实现域的完整性。比如,可以在学生表的性别上添加默认约束。

③ 参照完整性。参照完整性也称为引用完整性,它可以确定表之间的关系,确保表间数据的一致性和有效性。通过创建表的外键可以实现表之间的参照完整性。比如,为了确保学生选课表的学号与学生表的学号一致,可以在学生选课表的学号上添加外键,确保使其参考学生表的学号,完成表的参照完整性。

2. 创建表的约束

(1) 主键约束。主键是唯一标识表中实体的列或列的组合。如果主键加在单个字段上,语法格式如下。

```
字段名 数据类型 PRIMARY KEY
```

主键加在多个字段上,则需在字段定义后再定义主键,语法格式如下。

```
PRIMARY KEY(字段名 1,字段名 2...)
```

（2）默认值约束。默认值约束指定了字段的默认值。当向表中添加记录时,若字段未赋值,该字段会自动插入默认值。

创建表时创建默认值的语法格式如下。

字段名 数据类型 DEFAULT 默认值

（3）唯一性约束。唯一性约束是指数据表中的一列或一组列中只包含唯一值。创建表时,创建唯一性约束的语法格式如下。

字段名 数据类型 UNIQUE

（4）外键约束。外键约束强制实现表的引用完整性。创建外键时需特别注意以下两点:一是该列在另外一个表(也就是主键表)中是主键,二是两列的数据类型都完全一致。

比如,在学生表中的 calssno 上建外键,classno 列在主键表(class 表)中必须是主键,且两个表 classno 的数据类型也是完全一致的,都是 CHAR(10)。

创建外键约束,需写在字段定义之后,语法格式如下。

CONSTRAINT 外键名 FOREIGN KEY(外键字段) REFERENCES 主表名(主键字段)

3. 修改表时管理约束

（1）管理表级约束。如果表的约束条件涉及表中的多个属性,那么该约束必须加在整个表上,这种约束叫作表级约束,比如表的主键和外键。

① 修改表时添加表级约束的语法格式如下。

ALTER TABLE 表名
ADD CONSTRAINT 约束名 约束描述

② 修改表时删除表级约束的语法格式如下。

ALTER TABLE 表名
DROP 约束类型 约束名字

（2）管理列级约束。如果表的约束条件只添加在某一列上,则称为列级约束。

修改表时若添加或删除列级约束条件,可以用修改字段的方式实现,语法格式如下。

ALTER TABLE 表名
MODIFY 字段名 字段类型 约束描述

 任务实施

1. 确定 xk 数据库中表的结构

项目 2 中我们得到了选课系统关系模型如下。

班级：class(classno,classname)　　PK 为 ClassNo

视频 3.4：表的
数据完整性

学生：student(<u>stuno</u>,stuname,age ,id,sex,classno) PK 为 stuno,FK 为 classno

职称：title (<u>titleno</u>,titlename)

教师：teacher(<u>teano</u>,teaname,sex,age,titleno) PK 为 teano,FK 为 titleno

课程：course(<u>courseno</u>,coursename,credit,classhour,teano) PK 为 courseno,FK 为 teano

选课：sc(<u>stuno,courseno</u>,score) PK 为 stuno、courseno,FK 为 stuno、courseno

分析关系模型中各属性特征以及实现数据完整性应该建立的约束条件,确定各表的具体结构,如表 3.4～表 3.9 所示。

表 3.4 班级表(class)的表结构

列 名	数据类型	是否为空	键/索引	默认值	说 明
Classno	CHAR(10)	否	主键		班级编号
Classname	VARCHAR(50)	否			班级名称

表 3.5 学生表(student)的表结构

列 名	数据类型	是否为空	键/索引	默认值	说 明
Stuno	CHAR(10)	否	主键		学生编号
Stuname	CHAR(10)	否			姓名
Sex	CHAR(2)	否		默认值:男	性别
Age	INT	是			年龄
ID	CHAR(20)	否	唯一性约束		身份证号
Classno	CHAR(10)	是	外键		班级编号

表 3.6 职称表(title)的表结构

列 名	数据类型	是否为空	键/索引	默认值	说 明
titleno	CHAR(10)	否	主键		职称编号
titlename	CHAR(10)	否			职称名称

表 3.7 教师表(teacher)的表结构

列 名	数据类型	是否为空	键/索引	默认值	说 明
teano	CHAR(10)	否	主键		教师编号
teaname	CHAR(10)	否			姓名
sex	CHAR(2)	否		默认值:男	性别
age	INT	是			年龄
titleno	CHAR(10)	是	外键		职称编号

表 3.8 课程表(course)的表结构

列 名	数据类型	是否为空	键/索引	默认值	说 明
courseno	CHAR(10)	否	主键		课程编号
coursename	VARCHAR(50)	否			课程名称
credit	DECIMAL(3,1)	否			学分

续表

列　　名	数据类型	是否为空	键/索引	默认值	说　　明
classhour	INT	否			学时
teano	CHAR(10)	是	外键		教师编号

表 3.9　选课表(sc)的表结构

列　　名	数据类型	是否为空	键/索引	默认值	说　　明
stuno	CHAR(10)	否	外键、主键		学号
courseno	CHAR(10)	否	外键、主键		课程号
score	DECIMAL(3,1)	否			成绩

2. 创建表

在创建数据库表时,一般首先创建主键表,然后再创建外键表。任务 3.2 中我们创建完成了 class 表,所以接下来创建其他表的顺序可以是 student 表、title 表、teacher 表、course 表、sc 表。

(1) 创建 student 表。首先,分析表中约束的写法。因为主键约束只加在 stuno 一列上,所以可以直接写在字段定义中,语句如下。

```
stuno CHAR(10) NOT NULL PRIMARY KEY
```

此处因为主键必须是非空的,所以 NOT NULL 可以省掉。
sex 列加默认值约束,语句如下。

```
sex CHAR(5) NOT NULL DEFAULT '男'
```

ID 列需要加唯一性约束,语句如下。

```
ID CHAR(20) NOT NULL UNIQUE
```

外键约束需要单独定义,语句如下。

```
CONSTRAINT fk_s_c FOREIGN KEY (classno) REFERENCES class(classno)
```

还要注意,创建外键时,要查看 xk 数据库中是否存在 class 表,且该表中的 classno 列是否定义为主键,数据类型是否与 student 表的 classno 一致。所以,用 MySQL 创建学生表的完整语句如下。

```
CREATE TABLE student
(
  stuno CHAR(10) NOT NULL PRIMARY KEY,          --创建主键
  stuname CHAR(10) NOT NULL,
  sex CHAR(5) NOT NULL DEFAULT'男',             --创建默认约束
  age INT NULL,
```

```
ID CHAR(20) NOT NULL UNIQUE,                        --创建唯一性约束
classno CHAR(10) NOT NULL,
CONSTRAINT fk_s_c FOREIGN KEY (classno) REFERENCES class(classno)
                                                    --创建外键约束
);
```

（2）用 Navicat 执行创建表语句，并保存该语句。

除了在 MySQL 客户端中运行创建表的 SQL 代码，为了书写和保存方便，也可以在 Navicat 中运行 SQL 命令。

其方法是：打开 Navicat，单击"新建查询"菜单，在打开的查询窗口输入代码，选择要运行的代码，然后运行即可。运行结果可在下面的结果栏中查看，如图 3.23 所示。

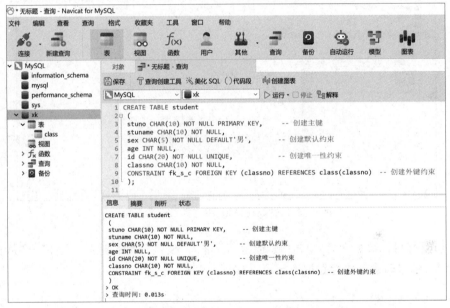

图 3.23　在 Navicat 中运行代码

若保存该查询语句，可以选择"文件"→"另存为外部文件"命令，扩展名选择.sql，然后保存文件，如图 3.24 所示。

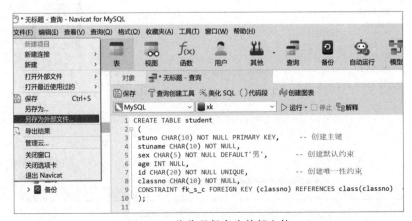

图 3.24　将代码保存为外部文件

（3）参照 student 表创建代码，并创建其他表。

（4）使用 Navicat 形成数据模型，查看整个数据库表的联系以及设计情况。操作步骤如下。

文档 3.2：创建 xk 数据库表的完整代码

① 打开 Navicat，单击工具栏"模型"按钮，进入模型界面，单击"新建模型"按钮，进入"新建模型"对话框，选择目标数据库为 MySQL，版本为 8.0，如图 3.25 所示。

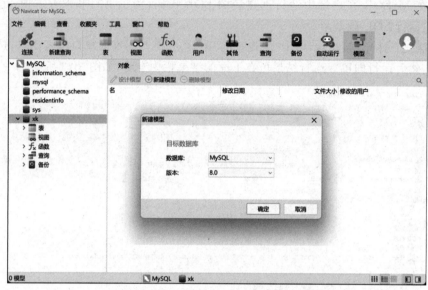

图 3.25　在"新建模型"中选择目标数据库

② 设置好目标数据库后，单击"确定"按钮，进入"模型"界面，选择"文件"→"从数据库导入"命令，模型创建方式为数据库导入，如图 3.26 所示。

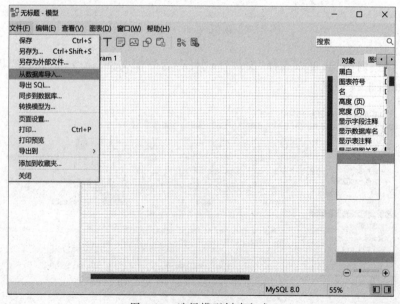

图 3.26　选择模型创建方式

③ 进入"从数据库导入"界面后,选择 MySQL 服务器,并选择该服务器下的 xk 数据库,如图 3.27 所示。单击"开始"按钮,开始导入数据库。数据库导入完成后,单击"关闭"按钮,导入结束,如图 3.28 所示。

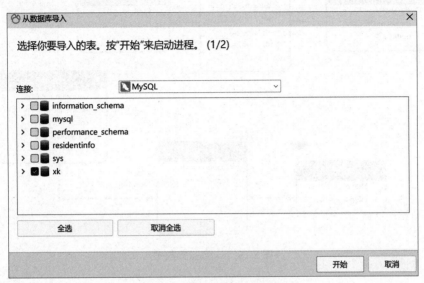

图 3.27　选择服务器与数据库

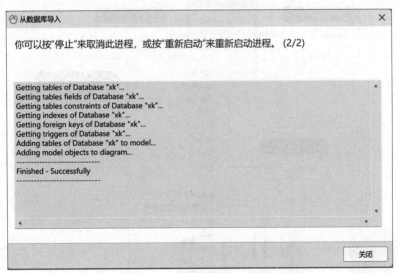

图 3.28　导入数据库成功

④ 导入完毕,在模型设计窗口可以看到该数据库模型,如图 3.29 所示。可以很清晰地看出数据库中表的外键关系、主键设计以及特征属性等。可以通过拖曳方式来重新布局模型结构,还可以打印该模型。

⑤ 如果设计有误,也可以在此模型下对表进行修改完善,如图 3.30 所示。

3. 通过修改表添加约束。

创建表后,在数据库模型中查看整个数据库中表的关系和创建情况。如果发现忘记添

85

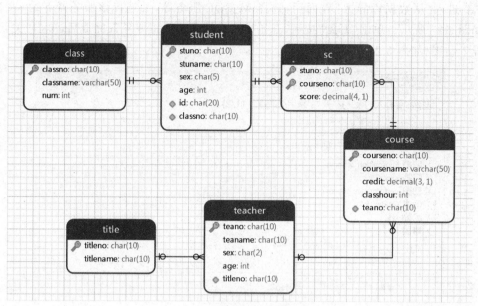

图 3.29　xk 数据库模型

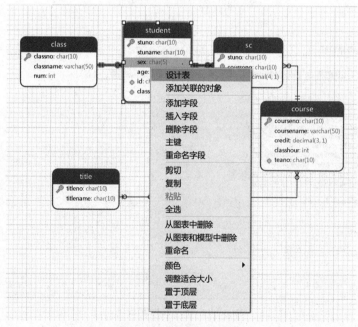

图 3.30　在模型中修改表

加了某个约束,或添加约束有问题,也可以通过修改表语句 ALTER TABLE 来添加或删除约束。

（1）给 sc 表添加主键约束。sc 表的主键是联合主键,是表级约束,所以可以通过修改表添加主键约束实现,语句如下。

```
ALTER table sc
ADD CONSTRAINT pk_sc PRIMARY KEY(stuno,courseno);
```

（2）给 sc 表添加外键约束。外键约束也是表级约束，可以通过修改表添加外键约束实现，语句如下。

```
ALTER TABLE sc
ADD CONSTRAINT fk_sc_st FOREIGN KEY(stuno) REFERENCES student(stuno);
ALTER TABLE sc
ADD CONSTRAINT fk_sc_course FOREIGN KEY(courseno) REFERENCES course(courseno);
```

（3）给课程表的 credit（学分）添加默认约束，默认值为 4。

默认值约束是列级约束，可以通过修改表字段属性来实现，语句如下。

```
ALTER TABLE course
MODIFY credit INT NOT NULL DEFAULT 4;
```

（4）删除 sc 表中的两个外键约束和主键约束。外键约束和主键约束都是表级约束，可以通过删除约束语句"DROP 约束类型 约束名称"实现，语句如下。

```
ALTER TABLE sc
DROP FOREIGN KEY fk_sc_st;
ALTER TABLE sc
DROP FOREIGN KEY fk_sc_course;
ALTER TABLE sc
DROP PRIMARY KEY;
```

 巩固提高

参照表的结构图，用 SQL 命令创建 xk 数据库中的所有表，并总结每个表创建时约束的写法，将内容填入表 3.10 中。

表 3.10　表的约束写法总结

表	创建表的语句	总结约束写法
class		
student		
title		
teacher		
course		
sc		
难点与重点总结		

任务 3.4　操作表数据

 任务导学

任务描述

用 SQL 语句方式在 xk 数据库的 6 个表中插入、更新和删除数据。

学习目标

* 能够用 INSERT 语句向表中插入数据。
* 能够用 UPDATE 语句更新表中的数据。
* 能够用 DELETE 语句删除表中的数据。

提示：回顾一下项目 1 中的任务 1.4,完成以下两个任务。

(1) 用图形界面在表中插入、更新、删除数据。

(2) 总结操作表数据时的注意事项。

知识准备

1. 插入数据

(1) 用 INSERT INTO 语句插入数据。

① 插入一行数据。语法格式如下。

```
INSERT INTO 表名 (字段列表) VALUES(值列表)
```

语法说明如下。

* 字段列表：括号内指定需要插入数据的字段名,字段间用逗号隔开。当表中的所有字段都需要输入值时,字段列表可省略。
* 值列表：表示要插入的数据值列表。插入数据的值之间用逗号隔开,插入顺序必须与字段列名中指定的列对应。字符型与日期型数据需用单引号引起来,数值型不需要用引号引起。

② 插入多行数据。语法格式如下。

```
INSERT INTO 表名("字段列表) VALUES(值列表 1),(值列表 2),...,(值列表 n)
```

其中,"(值列表 1),(值列表 2),…,(值列表 n)"表示多条记录对应的数据。每个值列表都必须用括号括起来,且用逗号隔开。

(2) 用 REPLACE 语句插入数据。

使用 REPLACE 语句插入数据的语法与 INSERT 相似。

① 插入一行数据,语法格式如下。

```
REPLACE INTO 表名 (字段列表) VALUES(值列表)
```

② 插入多行数据,语法格式如下。

```
REPLACE INTO 表名(字段列表) VALUES(值列表 1),(值列表 2),...,(值列表 n)
```

REPLACE 插入数据与 INSERT 的不同之处在于:INSERT 语句插入数据时,如果根据主键或唯一性约束判断,发现该行数据已经存在,则不能插入数据;而 REPLACE 语句遇到上述情况,会执行替换操作,用新的数据替代原来的数据。

(3) 插入查询结果

也可将查询结果插入表中,语法格式如下。

```
INSERT INTO 目标表(字段列表)
SELECT 查询语句
```

其中,SELECT 查询语句的用法会在项目 4 中详细讲解。

2. 更新数据

更新数据的语法格式如下。

```
UPDATE 表名
SET 字段名 1=值 1,字段名 2=值 2 ....字段名 n=值 n
WHERE 条件表达式
```

其中,字段名表示需要更新的字段名称。条件表达式指更新需满足的条件,如果没有条件表达式,表示更新表中所有数据。

3. 删除数据

(1) 使用 DELETE 语句删除数据。删除表数据的语法格式如下。

```
DELETE FROM 表名 WHERE 条件表达式
```

其中,条件表达式表示删除数据需满足的条件。如果没有条件表达式,表示删除表中所有的数据。

(2) 使用 TRUNCATE 语句删除数据。

使用 TRUNCATE 语句可以无条件删除表中的所有数据,语法格式如下。

```
TRUNCATE 表名
```

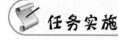任务实施

1. 插入数据

(1) 用 INSERT 语句向 class 表中插入一行数据。class 表中的 classno 和 calssname 都非空,都需要插入数据。当表中所有字段都需要插入数据时,可以省略字段名列表。语句如下。

视频 3.5:操作表数据

```
INSERT INTO class
VALUES('20210101','21 软件 1 班');
```

插入数据后可用查询语句查看 class 表中的数据,语句如下。

```
SELECT * FROM class;
```

执行结果如图 3.31 所示。

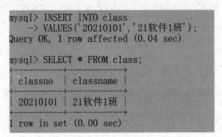

图 3.31 向 class 表插入一行数据

(2) 用 INSERT 语句向 student 表中插入部分列数据。student 表中有些字段是可以为空的,不需要插入数据,所以可以在表中插入部分数据。这种情况下必须写明字段列表。另外需要注意的是,其中的 classno 列为外键,在 student 表中插入的 classno 数值必须在 class 表中已存在,语句如下。

```
INSERT INTO student(stuno,stuname,sex,ID ,classno)
VALUES('2021020101','张晓会','男','3702022003080091522','20210201');
```

(3) 用 INSERT 语句分别向 class 表和 student 表中插入多行数据。当需要向表中插入多行数据时,可以用更简单的办法。比如向 class 表中插入其他 3 个班的信息,语句如下。

```
INSERT INTO class
VALUES('20210202','21 软件 2 班'),
('20210101','21 计算机 1 班'),
('20210102','21 计算机 2 班');
```

向学生表中插入多行数据,语句如下。

```
INSERT INTO student(stuno,stuname,sex,ID ,classno)
VALUES('2021020102','陈含','女','3701012002110021824','20210201'),
('2021020103','赵菲菲','女','3702022002100016028','20210201'),
('2021020104','吕默','男','3702022001120052025','20210201'),
('2021020105','刘莉莉','女','3702022002060124022','20210201'),
('2021020106','周晓松','男','3701032002092120533','20210201'),
('2021020107','周畅','女','3701032002080942228','20210201');
```

(4) 用 REPLACE 语句将 student 表中插入的数据重新覆盖插入。如果插入数据以后发现有数据插入错了,怎么办呢?可以使用 REPLACE 语句将错误数据行覆盖,也可以用此语句插入新数据,插入效果与 INSERT 相同。

例如,学号为 20212021020105 和 2021020107 的学生信息有误,怎么用新数据覆盖错误的数据呢?语句如下。

```
REPLACE INTO student(stuno,stuname,sex,ID ,classno)
VALUES('2021020105','刘丽丽','女','370202200206124022','20210201'),
('2021020107','周畅','男','370103200208094225','20210201');
```

2. 更新数据

（1）用 UPDATE 语句更新 student 表中的数据，使得所有同学的年龄加 1。

因为要求把表中所有同学的年龄加 1，所以不需要条件，语句如下。

```
UPDATE student
SET age=age+1;
```

（2）用 UPDATE 语句更新 class 表中的数据，使得班级号为 20210101 的班级名称改为"21 计算机 1"。

此处更新的条件是：班级号为 20210101 的班级。更新的内容是：班级名称为"21 计算机 1"。所以，更新语句如下。

```
UPDATE class
SET classname='21 计算机 1'          --更新内容
WHERE classno='20210101';           --更新条件
```

3. 删除数据

用 DELETE 语句删除 class 表中 classno 为 20210101 的班级。

分析：删除的条件是班级号为 20210101。删除语句如下。

```
DELETE FROM class
WHERE classno='20210101';           --删除条件
```

单看这条语句，并没有错误。但运行并不成功，结果如图 3.32 所示。从错误提示可以看出，之所以该语句不能执行，是因为要删除的 classno 列正在被 student 表的外键参考。如果要删除 classno 为 20210201 的班级信息，首先需要删除或更改 student 表中 classno 为 20210201 的学生信息，然后才能删除该班级。

```
mysql> DELETE FROM class
    -> WHERE classno='20210101';
ERROR 1451 (23000): Cannot delete or update a parent row: a foreign key constraint fails (
`xk`.`student`, CONSTRAINT `fk_s_c` FOREIGN KEY (`classno`) REFERENCES `class` (`classno`)
 ON DELETE RESTRICT ON UPDATE RESTRICT)
```

图 3.32　删除数据失败

例如，可以将学生表中班级号为 20210201 的班级号改为 20210202，然后再删除班级号为 20210201 的班级信息，语句如下。

```
UPDATE student
SET classno='20210202'              --更新内容
WHERE classno='20210201'            --更新条件
DELETE FROM class
WHERE classno='20210201'            --删除条件
```

巩固提高

(1) 总结操作表数据的语法,将内容填入表 3.11 中。

表 3.11 操作表数据的语法总结

操作	语　句	举　例
插入数据		
更新数据		
删除数据		

(2) 用 INSERT 语句向 xk 数据库的每个表中插入至少 3 行数据。

(3) 用 REPLACE 语句将插入有误的数据替换。

(4) 用 UPDATE 语句将 course 表中学分(credit)为 6 分的课时(classhour)加 10。

(5) 在 xk 数据库中,假设某教师离职,需要删除该教师的信息,应该怎么做?

项目小结

本项目通过操作数据库、操作表、实现表的数据完整性和操作表数据这四个任务完成了选课系统数据库实施部分,使读者进一步掌握了用 SQL 语句创建管理数据库、创建管理表、创建与修改约束以及对表中的数据进行插入更新删除等操作,为下一步查询数据提供了数据基础。

同步实训 3　操作学生党员发展管理数据库

1. 实训描述

在同步实训 2 中,我们设计了学生党员发展管理数据库,形成了对应的 E-R 图和关系表。

假设同步实训 2 形成 E-R 图如图 3.33 所示。

关系模型如下。

学生信息表：student(stuno,stuname,sex,birthday,nation,bno)　PK 为 stuno

培养阶段表：level(lno,lname)　PK 为 lno

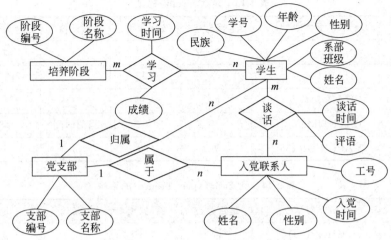

图 3.33　学生党员发展管理 E-R 图

学生培养阶段表：stuLevel(stuno,lno,stutime)　PK 为 stuno、lno,FK1 为 stuno,FK2 为 lno

党支部表：partyBranch(bno,bname)　PK 为 bno

入党联系人表：recommender(tno,tname,sex,partyTime)　PK 为 tno

谈话表：talk(talkno,stuno,tno,talktime,comment)　PK 为 talkno,FK1 为 stuno, FK2 为 tno

在本项目将根据上述 E-R 图和关系表进行表的详细结构设计,并以此创建数据库及表,实现表的数据完整性。最后插入更新数据,完成该学生党员发展管理数据库的实施工作。

2. 实训要求

利用 SQL 语句创建学生党员管理数据库。在该数据中,根据表的详细结构创建 5 个表及相关的约束,并完成表数据的插入删除更新等一系列操作。

3. 实施步骤

(1) 用 SQL 语句创建学生党员发展管理数据库,字符集采用 utf8mb4。

(2) 表 3.12～表 3.17 是学生党员发展管理数据库中表的详细结构设计,请用 SQL 语句创建这些表,并实现表的数据完整性。

表 3.12　学生信息表(student)的结构

列　　名	数据类型	是否为空	键/索引	默认值	说　　明
stuno	CHAR(10)	否	主键		学号
stuname	CHAR(10)	否			姓名
sex	CHAR(2)	否		男	性别
birthday	DATE	是			出生日期
nation	VARCHAR(20)	是			民族
bno	CHAR(10)	否			支部编号

表 3.13　谈话表(talk)的结构

列　　名	数据类型	是否为空	键/索引	默认值	说　　明
talkno	CHAR(10)	否	主键		谈话编号
stuno	CHAR(10)	否	外键		学号
tno	CHAR(10)	否	外键		工号
talkTime	DATETIME	否		当前时间	谈话时间
comment	VARCHAR(255)	是			评语

表 3.14　党支部表(partyBranch)的结构

列　　名	数据类型	是否为空	键/索引	默认值	说　　明
bno	CHAR(10)	否	主键		支部编号
bname	CHAR(20)	否			支部名称

表 3.15　入党联系人表(recommender)的结构

列　　名	数据类型	是否为空	键/索引	默认值	说　　明
tno	CHAR(10)	否	主键		工号
tname	CHAR(10)	否			姓名
sex	CHAR(2)	否		男	性别
partyTime	DATE	否			入党时间
bno	CHAR(10)	否			

表 3.16　培养阶段表(level)的结构

列　　名	数据类型	是否为空	键/索引	默认值	说　　明
lno	CHAR(10)	否	主键		阶段编号
lname	CHAR(10)	否		入党积极分子	阶段名称

表 3.17　学生培养阶段表(stuLevel)的结构

列　　名	数据类型	是否为空	键/索引	默认值	说　　明
stuno	CHAR(10)	否	主键、外键		学号
lno	CHAR(10)	否	主键、外键		阶段编号
stime	DATE	是			学习时间

(3) 用 SQL 语句实现对上述表数据的下列操作。

① 向每个表中插入至少 3 行数据,其中学生信息表第一行是自己的信息。

② 更新 stulevel 表中的数据,将 2022-9-1 的学习时间 stime 更新为 2022-9-10。

③ 删除入党联系人郑欣欣。

学习成果达成测评

项目名称	操作选课系统数据库与表		学时		12	学分	0.7
安全系数	1 级	职业能力	数据库及表的创建实施能力			框架等级	6 级
序号	评价内容	评价标准					分数
1	操作数据库	能够用 SQL 语句创建、查看和修改数据库					
2	数据库文件	掌握 MySQL 中数据库文件的存放方式					
3	表结构设计	能够根据关系模型确定表的详细结构					
4	操作数据表	能够用 SQL 语句创建、查看、修改和删除表					
5	存储引擎	了解 MySQL 几种常见存储引擎的特点					
6	数据完整性	掌握数据完整性的概念，并熟悉实现数据性需创建的约束					
7	创建修改约束	能够用 SQL 语句在创建和修改表时创建和删除各种约束					
8	操作表数据	能够用 SQL 语句插入、更新和删除数据					
	项目整体分数(每项评价内容分值为 1 分)						
考核评价	指导教师评语						

项目自测

一、知识自测

1. 在创建数据库时,会形成一个与该数据库对应的(　　)。

　A. 文件　　　　B. 文件夹　　　　C. 路径　　　　D. 以上都不对

2. 创建数据库的语句是(　　)。

　A. CREATE DATABASE　　　　B. ALTER DATABASE

　C. SHOW DATABASE　　　　D. DROP DATABASE

3. MySQL 5.5 以上版本系统中,默认的存储引擎是(　　)。

　A. InnoDB　　　　B. MEMORY

　C. MyISAM　　　　D. ARCHIVE

4. 下列语句中可以用来查看当前数据库下的是(　　)。

    A. SHOW TABLES   B. SHOW CREATE TABLE

    C. DESC TABLE   D. SHOW DATABASE

5. 下面 SQL 语句中,修改表结构的语句是(　　)。

    A. UPDATE TABLE   B. CREATE TABLE

    C. ALTER TABLE   D. DROP TABLE

6. 下面用来实现实体完整性的约束是(　　)。

    A. 外键约束   B. 主键约束   C. 非空约束   D. 默认值约束

7. 下面说法正确的是(　　)。

    A. 插入数据时应该先向外键表中插入数据,再向主键表中插入数据

    B. 插入数据时应该先向主键表中插入数据,再向外键表中插入数据

    C. 删除数据时应该先主键表中的数据,然后删除外键表中的数据

    D. 主键表的数据可以随意删除

二、技能自测

为了实现图书在线销售管理,需要建立图书管理数据库及数据表并对表中的数据进行操作。该数据库中的作者表(author)、图书表(book)和出版社表(publisher)的数据情况如图 3.34～图 3.36 所示。请根据下列要求创建数据库和表。

(1) 用 CREATE DATABASE 命令创建图书在线销售数据库(bookonline)。

(2) 根据表数据的情况,分析 author、book 和 publisher 3 个表的字段属性,确定 3 个表的详细结构。

(3) 用 SQL 语句在 bookonline 数据库下创建这 3 个表,并设置对应的约束。

(4) 用 SQL 语句向 3 个表中插入不少于 3 行数据。

AuthorID	AuthorName	sex	Birthday	Email	telephone	city
1	李强	男	1990-09-06	liqiang@163.com	18956322332	北京
2	张芳芳	女	1992-12-06	zhangfang@263.net	021-85693214	上海
3	陈真	男	1994-05-03	chenzhen@sina.con	18653201245	青岛
4	李丽	女	1986-03-02	lili@163.com	(Null)	(Null)
5	陈铭	男	1972-11-12	chenm@sina.com	15696855263	青岛

图 3.34　作者表(author)的数据

BookCode	BookName	PublisherID	AuthorID	UnitPrice	Quantity
B001	计算机导论	001	1	32.6	100
B002	大学英语	002	2	41.5	500
B003	计算机应用基础	001	4	52.8	620
B004	数据库应用技术	003	3	57.6	100

图 3.35　图书表(book)的数据

PublisherID	PublisherName	Address	Telephone
001	清华大学出版社	北京市海淀区清华大学学研大厦A座	(010)62781733
002	人民邮电出版社	北京市丰台区成寿寺路11号	(010)81055256
003	山东大学出版社	山东省济南市山大南路27号	(Null)

图 3.36　出版社表(publisher)的数据

学习成果实施报告

请填写下表,简要总结在本项目学习过程中完成的各项任务,描述各任务实施过程中遇到的重点、难点以及解决方法,并谈谈自己在项目中的收获与心得。

题目				
班级		姓名		学号
任务学习总结(建议画思维导图):				
重点、难点及解决方法:				
举例说明在知识技能方面的收获:				
举例谈谈在职业素养等方面的思考和提高:				
考核评价(按 10 分制)				
教师评语:			态度分数	
			工作分数	

项目 4　查询选课系统数据库表数据

项目目标

知识目标：	能力目标：	素质目标：
(1) 能够识别数据模型中的三种运算。 (2) 能够运用 SELECT 语句和常用的聚合函数。 (3) 能够说明分组查询、多表查询和子查询的实现过程。	(1) 应用查询语句进行基础查询和分组查询的能力。 (2) 分析表的关系，具备进行多表查询和子查询的能力。 (3) 对查询代码的分析纠错能力。	(1) 通过基础查询，进一步培养精益求精的工匠意识。 (2) 在分组查询和多表查询学习中，重点培养深入独立思考的能力。 (3) 在子查询的学习中，重点培养严谨的逻辑思维能力和多思路解决问题的能力。

项目情境

遵循数据库开发的六个步骤，项目 2 对选课系统数据库进行了数据库设计；项目 3 对数据库进行了物理设计，完成了选课系统数据库和表的创建，并插入了数据。本项目将进入数据库应用开发的数据查询部分，在项目 3 基础上，实现对选课系统数据库表数据的查询操作，如图 4.1 所示。

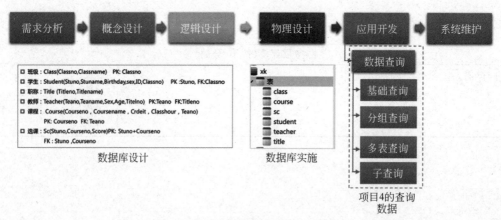

图 4.1　本项目在数据库开发中的位置

数据查询是数据库应用技术中最基本、最重要的操作。MySQL 提供了丰富的 SELECT 查询命令，该命令功能强大，使用灵活。本项目将通过 4 个任务，即基础查询、分组查询、多表查询和子查询，由浅入深地学习 SELECT 查询命令的具体用法。

学习建议

- 基础查询语句比较零碎,可以先做任务实施案例部分,再根据案例需要在任务导学中查找学习相关语句的写法。
- 表连接的实现过程可以类比日常生活中查询多个表时的操作。
- 子查询是一种反向倒推的查询理念,可以通过多练习来熟悉这种思维方式。
- 熟练掌握查询语句的关键在于多练习,可以在进行教学任务学习的同时进行本项目的同步实训练习。

 思政窗口

熟能生巧,编程没有捷径可走,谈谈软件编程高手的养成。

文档 4.1:软件编程
高手的养成

任务 4.1　基础查询

 任务导学

任务描述

基础查询是最基本的数据查询,它只涉及一张表,是复杂查询的基础。本任务主要练习用 SELECT 语句通过列的筛选、行的选择和模糊查询等方法来查询选课系统数据库中的数据。

学习目标

- 了解数据模型中的三种运算。
- 能够解释 SELECT 语句的语法格式。
- 领会查询所有列、部分列、计算列的写法。
- 能够运用比较运算符、逻辑运算符、IN 关键字筛选行。
- 能够运用 LIKE 和 REGEXP 进行模糊查询。
- 领会 DISTINCT、IS NULL 和 LIMIT 等关键字的用法。
- 领会排序的方法。

知识准备

1. 什么是查询

查询就是从已知的数据中查出自己需要的数据。

比如查询某班女同学的名单,其实是向数据库发送了一条查询指令,通过执行这条指令,从学生基本信息表中查找出你需要的结果,如图 4.2 所示。

2. 数据模型中的关系运算

关系模型中专门的关系运算有三种:投影、选择和连接。在对表的查询中将相继用到这些运算。

(1) 投影。投影是从关系中按所需顺序选取若干个属性构成新关系。

例如,从关系 student(stuno,stuname,sex,age,ID,classno)中选择 stuno 和 stuname 构成新关系 s2(stuno,stuname),如图 4.3 所示。可以看出投影的操作在表中是对列的操作。

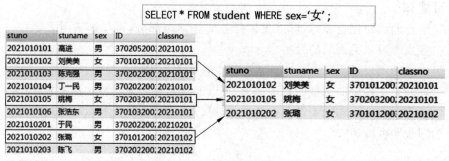

图 4.2　查询示意图

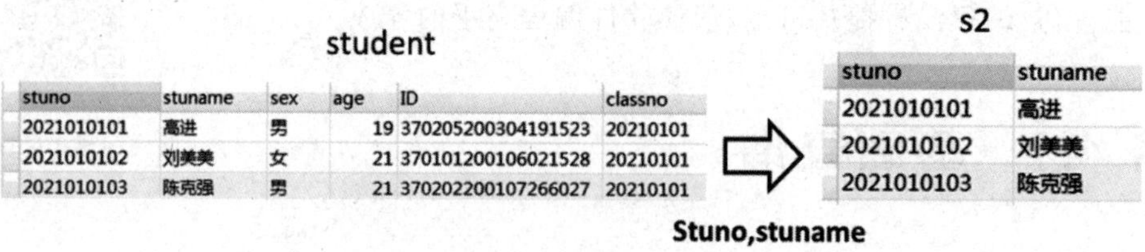

图 4.3　投影示意图

（2）选择。选择是从关系中找出满足条件的那些元组。比如前面图 4.1 的例子，从 student 这个关系中找出性别是女的学生信息。可以看出选择操作是对表中行的操作。

（3）连接。对两个关系的笛卡儿积，按相应属性值的比较条件进行选择运算，生成一个新的关系，如图 4.4 所示。要想查找"21 计算机 1 班"的同学信息，需要按照两个表的 classno 相等的条件，将两个表连接起来进行查询。可以看出连接操作是对多个表的操作。

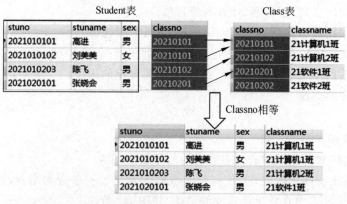

图 4.4　连接示意图

3. SELECT 语句基本语法格式

语法格式如下。

```
SELECT [all|Distinct ] * 列名 1,列名 2,...,列名 n
FROM 表名
```

```
WHERE 条件表达式
GROUP BY 列名 HAVING 条件表达式
ORDER BY 列名 [ASC|DESC]
```

语法说明如下。

- SELECT 子句：查询表中指定的列，列名之间用逗号隔开，使用"*"表示显示表中所有列。DISTINCT 是可选参数，用于消除重复记录。
- FROM 子句：表示要查询的表或视图。
- WHERE 子句：用于指定查询的筛选条件。
- GROUP BY 子句：将查询结果按指定列分组。HAVING 对分组后的结果进行筛选的条件。
- ORDER BY 子句：用于对结果集按指定列排序。ASC 表示升序，DESC 表示降序。

任务实施

1. 查询列

(1) 查询 student 表所有同学的信息。该查询需要查询 student 表所有列，所有列可以用 * 表示。

视频 4.1 查询列

语句如下。

```
SELECT * FROM student;
```

该语句也可用于打开表。

(2) 查询 student 表中所有同学的学号（stuno）、姓名（stuname）和班级编号（classno）。该查询需要查询 student 表部分列。查询表中部分列时，需要在 SELECT 列表中指定列名，并用逗号隔开。语句如下。

```
SELECT stuno, stuname,classno FROM student;
```

(3) 在 xk 表中查询把分数提高到 110% 后的查询结果。

该查询中，除需要显示表中的所有列之外，还需要一列来显示分数提高 110% 后的结果，这个结果可以通过计算分数列（score * 1.1）得到。这种对原表数据进行计算形成的列称为计算列。查询语句如下。

```
SELECT *, score * 1.1 FROM sc;
```

查询结果如图 4.5 所示。从结果可以看出，在查询选课表所有列之外又多了一个计算列，显示分数提高 110% 之后的结果。这里需要注意的是：SELECT 查询仅仅影响查询结果，并不能改变表的结构和内容，原表中并不会多出一列。

(4) 查询学生表的 stuno、stuname 和 sex 列，查询结果的列名分别显示为学号、姓名和性别。

默认情况下查询结果显示的列名就是表的列名。在本查询中，原表的列标题是英语或者缩写,不方便用户查看,就需要指定查询结果的列标题。指定列标题,可以使用 as 关键字来实现。查询语句如下。

```
SELECT stuno as '学号',stuname as '姓名',sex as '性别'
FROM student;
```

查询结果如图 4.6 所示。可以看出查询结果的列标题都改成了汉语。

stuno	courseno	score	score*1.1
2021010101	C001	85	93.5
2021010101	C008	75	82.5
2021010102	C002	63	69.3
2021010102	C004	83	91.3
2021010102	C006	86	94.6
2021010103	C001	76	83.6
2021010103	C008	85	93.5
2021010104	C001	53	58.3

图 4.5 查询计算列

学号	姓名	性别
2021010101	高进	男
2021010102	刘美美	女
2021010103	陈克强	男
2021010104	丁一民	男
2021010105	姚梅	女
2021010106	张浩东	男
2021010201	于民	男
2021010202	张璐	女

图 4.6 指定列标题

需要注意的是,在这里只是查询结果的列标题发生了变化,而原表的列标题并没有改变。

2. 选择行

行的选择一般通过 WHERE 语句指定查询条件来实现,条件表达式可以通过使用比较运算、逻辑运算符、IN、BETWEEN…AND、LIKE、IS NULL、DISTINCT 和 LIMIT 等方式表示。

视频 4.2:选择行

(1) 查询 student 表中全体女生信息。MySQL 中常用的比较运算符如表 4.1 所示。

表 4.1 比较运算符

含义	等于	大于	小于	大于等于	小于等于	不等于
运算	=	>	<	>=	<=	<>或!=

本查询中显然需要用到"="运算符。查询语句如下。

```
SELECT * FROM student WHERE sex='女'
```

(2) 查询 SC 表中分数大于等于 90 分的同学姓名。本查询需要用到">="运算符,查询语句如下。

```
SELECT * FROM SC WHERE score>=90;
```

(3) 查询学生表中班级号为 20210101 的女生信息。

此查询包含两个条件:班级号='20210101'和 sex='女',这两个条件必须同时满足才行。我们需要用逻辑运算符将这两个条件组合起来形成一个逻辑表达式。MySQL 中有三种逻辑运算符,分别表示为 AND(与)、OR(或)和 NOT(非)。

此处需要用到表示两个条件同时成立的逻辑运算符 AND,所以查询语句如下。

```
SELECT * FROM student
WHERE sex='女'  AND classno='20210101';
```

（4）查询学生表中班级号为 20210101 和 20210102 的学生信息。此查询要求查询结果满足条件 classno＝'20210101'或者 classno＝'20210101'中的一个即可，所以可以用逻辑运算符 OR。查询语句如下。

```
SELECT * FROM student
WHERE classno='20210102' or classno='20210101';
```

（5）查询学生表中班级号为 20210101 和 20210102 的女生信息。本查询有三个条件，其中 classno＝'20210102' 或 classno＝'20210101'这两个条件是"或"的关系，需要用 OR 连接；它们与条件 sex＝'女'之间是"并且"的关系，需要用 AND 连接。AND 和 OR 混合使用时，AND 的优先级高于 OR，所以，查询语句如下。

```
SELECT * FROM student
WHERE (classno='20210102' or classno='20210101') AND sex='女';
```

注意：此处小括号不能省掉。

（6）查询学生表中不是 20210102 班的同学。这个查询可用比较运算符"！＝"实现，语句如下。

```
SELECT * FROM student
WHERE classno!='20210101';
```

也可用逻辑运算符 NOT 来实现。NOT 写在表达式的前面，表示对表达式值取反。语句如下。

```
SELECT * FROM student
WHERE NOT (classno='20210101');
```

（7）查询 SC 表中分数在 80～85 的选课信息。本查询的条件是选择介于两者之间（包含两端数据）的数据，可以使用 BETWEEN...AND 运算符实现。语法格式如下。

```
WHERE 表达式 [NOT] BETWEEN 初值 AND 终值
```

查询语句如下。

```
SELECT * FROM sc
WHERE score BETWEEN 80 AND 85;
```

查询也可用逻辑表达式实现，语句如下。

```
SELECT * FROM sc
WHERE score>=80 AND score<=85;
```

(8) 查询 student 表 stuno 为 2021010101、2021010103 和 2021010105 的学生信息。查询可用逻辑运算符 OR 实现,语句如下。

```
SELECT * FROM student
WHERE stuno ='2021010101'OR stuno='2021010103' OR stuno='2021010105';
```

但是如果班级较多,这样写比较烦琐。此时我们也可以用 IN 运算符来实现。
IN 运算符表示从某一范围内取数据。语法格式如下。

```
WHERE 表达式 [NOT] IN(值 1,值 2,...,值 n)
```

用 IN 运算符,此查询可写作如下。

```
SELECT * FROM student
WHERE stuno IN ('2021010101','2021010103','2021010105');
```

(9) 查询 student 表中姓张的同学信息。在进行字符串条件的筛选中,有些已知条件是精确的,比如我们精确地知道查询学生的姓名,那么这种查询我们称为精确查询,可以用"="运算符来表示。但很多时候我们已知的条件是模糊的,比如本查询中,我们无法得知学生准确的姓名,只知道一个模糊的信息,就是该同学姓张,这样的查询就称为模糊查询。可以使用 LIKE 运算符结合不同的匹配符来实现字符串的模糊查询。

在 MySQL 中与 LIKE 结合的匹配符有以下两个。

- %:表示任意多个字符。
- _:表示任意一个字符。

语法格式如下。

```
WHERE 列名 [NOT] LIKE '字符串'
```

本查询中,条件是姓张的同学,表示该学生姓名的第一个字为张,后面的字任意,字的个数也任意。所以,需要用到的匹配符是"%",查询语句可写作如下。

```
SELECT * FROM student
WHERE stuname LIKE '张%';
```

查询结果如图 4.7 所示。

stuno	stuname	sex	ID	classno
2021010106	张浩东	男	3701032002112122!	20210101
2021010202	张璐	女	3701012003111218:	20210102
2021010205	张秋菊	女	3702022001081220:	20210102
2021020101	张晓会	男	3702022003080915:	20210201

图 4.7　查询姓张的同学

(10) 查询 student 表中姓张且名字为两个字的同学信息。查询要求学生姓名第一个字是张,第二个字任意,但必须只有一个字,所以需要用到的匹配符是"_",查询语句可以写作:

```
SELECT * FROM student
WHERE stuname LIKE '张_';
```

查询结果如图 4.8 所示。

stuno	stuname	sex	ID	classno
2021010202	张璐	女	37010120031112181	20210102

图 4.8　查询姓张且名字为两个字的同学

（11）查询 student 表中班级号为 20210102，且 age 列为空的学生信息。表中的字段没有被插入数据时，默认此字段为空值（NULL），可以用 IS NULL 来判断比较。语法格式如下。

```
WHERE 列名 IS NULL
```

所以，查询语句可以写作：

```
SELECT * FROM student
WHERE classno='20210102' AND age IS NULL;
```

需要注意的是，有些数据被更新过，虽然显示为空白，但并不是空值。不能用 IS NULL 来判断。

为了将所有未填 age 的学生信息都显示出来，可以补充一个条件，代码如下。

```
SELECT * FROM student
WHERE classno='20210102' AND( age IS NULL OR age='');
```

（12）查询学生表中的学生来自哪几个班。运行以下查询语句。

```
SELECT classno FROM student;
```

结果如图 4.8 所示。发现有大量重复的班级号，很难从中分出到底有几个班级，所以我们需要消除 classno 列的重复行。消除重复行可以在对应列名前加关键字 DISTINCT 即可。代码如下。

```
SELECT DISTINCT classno FROM student;
```

从图 4.9 结果中可以看出，消除重复行的 classno 列只有 4 行，能清晰地看出学生来自四个班级。

（13）查询学生表中女生信息的前三行。当需要查询结果返回部分行时，可使用 LIMIT 来限定查询结果返回的行数。

语法格式如下。

```
LIMIT [OFFSET,] 行数
```

其中，OFFSET 表示偏移量。如果偏移量为 0，则从查询结果第一行开始；如果偏移量

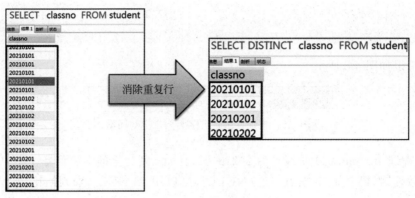

图 4.9　消除重复行

为 1,则从第二行开始,其他以此类推。OFFSET 是可选项,其默认值为 0,行数为返回的行数,所以本查询语句如下。

```
SELECT * FROM student WHERE sex='女' LIMIT 3;
```

(14) 查询学生表中的女生信息从第 2 行开始,共显示 5 行。查询结果从第 2 行开始显示,所以 LIMIT 语句中的第一个参数偏移量为 1,查询语句如下。

```
SELECT * FROM student WHERE sex='女' LIMIT 1,5;
```

3. 数据的排序

可以利用 ORDER BY 子句对查询结果按照一个或多个字段进行升序或降序排列。语法格式如下。

```
ORDER BY 列名 1[ASC |DESC],列名 2[ASC|DESC],...,列名 n[ASC|DESC]
```

其中,ASC 表示升序,DESC 表示降序。默认排序方式为升序。

查询 SC 表中学生的选课情况,并按课程号(courseno)升序排序,课程相同时按成绩(score)降序排序。可写作:

```
SELECT * FROM SC
ORDER BY courseno ASC , score DESC;
```

 巩固提高

(1) 总结 SELECT 查询的各种用法,将内容填入表 4.2 中。

表 4.2　SELECT 查询语句总结

操作	用　　途	语　　句	举　　例
列操作	选择所有列		
	选择部分列		

操作	用　　途	语　　句	举　　例
列操作	添加计算列		
	指定列标题		
选择行	用比较运算符表示查询条件		
	用逻辑运算符表示查询条件		
	限定某一范围内数据的运算符		
	表示字段空值		
	字符串模糊查询		
	限定结果集行数		
	取消重复值		
排序	排序操作		

（2）在数据库 xk 中实现如下查询。

① 查询 student 表中学生的学号（stuno）、姓名（stuname）、性别（sex）和班级编号（classno）列。

② 查询 student 表中班级编号（classno）为 20210101 的学生信息。

③ 查询 course 表中的所有信息，并多显示一列计算列，列名为 classhour2，它的值为 credit * 15。

④ 在 student 表中，用两种方法查询姓张的同学信息，显示的列标题名为"姓名,学号,性别"。

⑤ 在 SC 表中，用两种方法查询成绩在 80～90 的选课情况，显示所有列。

⑥ 在 SC 表中，用两种方法查询课程号为 C001、C002 和 C004 的选课情况。

⑦ 查询 SC 表中的课程号（courseno）列，并取消重复行。

⑧ 在 student 表中，查询班级号为 20210102 和 20210101 的两个班的女同学。查询结果先按照班级号降序，再按照学号升序。

⑨ 显示 student 表的第 3～10 行信息。

任务 4.2　分组查询

 任务导学

任务描述

用分组查询语句 GROUP BY 结合聚合函数来分组统计表中的数据。

学习目标

• 能够运用常见的聚合函数。

- 能够说明分组查询的意义。
- 能够领会分组查询语句的用法。
- 能够分辨 HAVING 和 WHERE 的不同。

知识准备

1. 聚合函数

聚合函数是综合信息的统计函数,可以将多行数据统计为一个数值,它包括求和、计数、求最大值、最小值、平均值等。

聚合函数的用法及含义如表 4.3 所示。

表 4.3　聚合函数

聚合函数	用　　法	含　　义
COUNT	COUNT(列名)	统计该列非空值的行数
COUNT	COUNT(＊)	统计表中所有的行
SUM	SUM(列名)	统计该列值的总和
AVG	AVG(列名)	统计该列值的平均值
MAX	MAX(列名)	统计该列值的最大值
MIN	MIN(列名)	统计该列值的最小值
GROUP_CONCAT	GROUP_CONCAT(列名 SEPARATOR 分隔符)	返回由分组值连接组合而成的字符串

2. 什么是分组查询

分组查询就是对查询结果按照某一列或多列数据进行分类统计。那么分组查询是如何实现的呢？例如,假设一家水果店一天销售情况如表 4.4 所示,应如何统计各类水果的销售额呢？

表 4.4　水果销售情况表

顾　　客	水　　果	重量/kg	金额/元
顾客 1	苹果	6	30
顾客 1	香蕉	2	8
顾客 2	橙子	2	10
顾客 2	苹果	10	50
顾客 2	水蜜桃	5	25
顾客 3	苹果	5	25
顾客 4	香蕉	8	32
顾客 5	橙子	4	40

首先,按水果的种类进行排序分组,如表 4.5 所示。

表 4.5　水果种类分组

顾　　客	水　　果	重量/kg	金额/元
顾客 2	橙子	2	10
顾客 5	橙子	4	40

续表

顾　客	水　果	重量/kg	金额/元
顾客 1	苹果	6	30
顾客 2	苹果	10	50
顾客 3	苹果	5	25
顾客 2	水蜜桃	5	25
顾客 1	香蕉	2	8
顾客 4	香蕉	8	32

然后,将要统计的金额列按照水果类型进行求和统计,结果如表 4.6 所示。

表 4.6　水果分类统计

水　果	金额/元
橙子	50
苹果	105
水蜜桃	25
香蕉	40

这就是分组统计的实现过程,用分组统计语句可写作:

```
SELECT 水果,SUM(金额)
FROM 水果统计表
GROUP BY 水果
```

3. 分组查询的语法

语法格式如下。

```
SELECT   列名 1,列名 2,...,列名 n
FROM 表名
WHERE 分组前的筛选条件
GROUP BY 列名 1, 列名 2,...,列名 n
HAVING 分组后的筛选条件
```

语法说明如下。
- GROUP BY 后为分组的列,一般包含在 SELECT 列表中。
- HAVING 后的条件表达式为对分组结果进行筛选的条件,可以包含聚合函数。
- WHERE 后的条件表达式不能包含聚合函数。

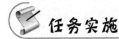 任务实施

1. 用聚合函数统计表中数据

(1) 统计 SC 表中学号为 2021010101 的同学的总分、平均分、最高分和最低分。

视频 4.3:分组
查询

109

聚合函数可以写在同一个选择列表中,所以该查询语句如下。

```
SELECT SUM(score),AVG(score),AVG(score),MAX(score),MIN(score)
FROM sc
WHERE stuno='2021010101';
```

(2)统计 student 表中学生的总人数。学生表中的每一行数据代表一个学生,统计学生的总人数也就是统计表的总行数,可以用 COUNT(＊)来实现,查询语句如下。

```
SELECT COUNT( * ) FROM student;
```

(3)统计 student 表中男同学的总人数。这个查询比上面的统计多了一个条件"男同学",所以只需在上述统计的结果上添加一个条件就可以了。查询语句如下。

```
SELECT COUNT( * ) FROM student
WHERE sex='男';
```

(4)分别统计 student 表中男女同学的总人数。根据上述方法,我们可以写两条语句分别查询。

```
SELECT COUNT( * ) as '男' FROM student
WHERE sex='男';
SELECT COUNT( * )   as '女' FROM student
WHERE sex='女';
```

结果如图 4.10 和图 4.11 所示。

图 4.10　查询男同学人数　　　　　图 4.11　查询女同学人数

能不能将这两个结果放到一个表里呢?
尝试运行下面的代码:

```
SELECT sex,COUNT( * ) as '人数' FROM student;
```

运行结果如图 4.12 所示。结果显然是错误的,因为查询时没有分组,所以 COUNT(＊)只是统计了表中的所有行,并没有分别统计男女生人数。所以,如果普通的列(比如 sex 列)和聚合函数(比如 count(＊))在同一个选择列表中,那需要按照普通的列(sex)来分组查询。

sex	人数
男	25

图 4.12　没有分组的错误结果

2. 分组统计表中的数据

(1)分组统计男女同学的人数。在进行分组查询时,首先确定要查询的列,此处要查询列显然是 sex 和人数;然后确定要分组的列,因为要分别统计男女同学人数,所以要分组的列为 sex;最后确定要统计的内容以及使用的聚合函数,此处要统计的是人数,可以通过使用 COUNT(＊)汇总行数来实现。所以查询语句如下。

```
SELECT sex,COUNT(*) AS '人数'
FROM student
GROUP BY sex;
```

运行结果如图 4.13 所示。

（2）分组统计各班男女同学的人数。分组统计时也可以按照多列分组,在本查询中,除了需要按照男女来分组统计外,还需要按照班级来分组。

图 4.13   分组统计男女
            同学人数

查询语句如下。

```
SELECT classno,sex,COUNT(*) AS '人数' FROM student
GROUP BY classno,sex;
```

查询结果如图 4.14 所示。

（3）查询各班男女同学大于 3 人的结果。对于分组查询的结果需要进一步筛选时,可以在 GROUP BY 子句后使用 HAVING 子句,整个查询可写作如下。

```
SELECT classno,sex,COUNT(*) AS '人数' FROM student
GROUP BY classno,sex
HAVING COUNT(*)>3;
```

查询结果如图 4.15 所示。

classno	sex	人数
20210101	女	2
20210101	男	4
20210102	女	4
20210102	男	2
20210201	女	3
20210201	男	4
20210202	女	3
20210202	男	3

图 4.14   分组统计各班男女同学人数

classno	sex	人数
20210101	男	4
20210102	女	4
20210201	男	4

图 4.15   带条件的分组查询

注意：HAVING 子句和 WHERE 子句后面都可以跟条件表达式,区别在于 WHERE 子句是对分组前的查询结果进行筛选,其中不能包含聚合函数;而 HAVING 子句是对分组之后的结果进行筛选,其中可以包含聚合函数。

（4）分组统计各班女同学的人数,并显示女同学名单,名字用逗号隔开。

返回分组值组成的字符串可以用 GROUP_CONCAT 函数。查询语句如下。

```
SELECT classno,count(*) as 人数 , GROUP_CONCAT(stuname)as 名单
  FROM student
GROUP BY classno;
```

查询结果如图 4.16 所示。

信息	结果1	剖析	状态		
classno		人数	名单		
20210101		6	高进,刘美美,陈克强,丁一民,姚梅,张浩东		
20210102		6	张璐,陈飞,辛琪,张秋菊,路新源,季鸿		
20210201		7	于民,张晓会,陈含,赵菲菲,吕默,刘丽丽,周晓松		
20210202		6	胡洋,赵晓飞,迟睿寒,路志新,钱思源,吕锦绣		

图 4.16　分组查询各班女生名单

巩固提高

（1）总结分组查询步骤和写法，填表 4.7。

表 4.7　总结分析查询的步骤

分组查询步骤	对应 SQL 语句写法
1. 查询需要显示的列	
2. 从哪些表中查询	
3. 对原表数据进行筛选	
4. 根据普通列分组	
5. 对分组后的数据进行筛选	

（2）用分组查询的方法实现下列查询。

① 在 sc 表中分组查询各门课程编号以及对应的平均分。

② 在 sc 表中分组查询平均分在 80 以上的课程编号及对应的平均分和最高分。

③ 在 course 表中分组查询每位老师的授课门数。

④ 在 teacher 表中分组查询每种职称对应的教师人数及教师名单。

⑤ 在 student 表中分组查询各班男女同学人数。

任务 4.3　多表查询

任务导学

任务描述

用表的内连接、外连接以及联合查询等方法实现选课数据库的多表查询。

学习目标

• 理解表的连接的实现过程。

• 熟练运用表的连接语句进行表的内连接和外连接。

• 掌握联合查询的用法。

知识准备

1. 什么是表的连接查询

(1) 多表连接查询。前面三个查询任务中的查询都只涉及一个表的数据。但在实际查询中,若想获得满意的查询结果,往往需要涉及多个表,这种涉及多个表的查询称为多表查询。

例如,当我们在查询学生信息时,只查询 student 一个表,可能会得到如图 4.17 中 student 表的结果。

这个结果中,关于学生的班级信息,只显示了班级的编号,但往往我们更熟悉的是班级名称。因为学生表中并没有班级名称,所以要想显示班级名称,就要通过将学生表与班级表相连接的方式实现。那么这两个表的具体连接查询过程是怎样的呢?

(2) 多表连接查询的实现过程。首先查找 student 表的第一行,发现该前两列和要查询的前两列是一致,可以直接放到查询结果中,如图 4.18 所示。但后面需要查询的 classname 列没有在学生表中,怎么办呢?我们可以通过该行在 student 表的 calssno(此处是 20210101),在 class 表中找到与它对应的 classname(此处是"21 计算机 1 班"),然后与前面的两列组成一行结果。同样,再继续查找第二行,将前两列与后面对应的 classname 列组成一行结果。以此类推,逐行查询,我们就得到了想要的结果。这就是表的连接过程。在这个连接过程中,显然需要满足的连接条件是:student.classno=class.classno。

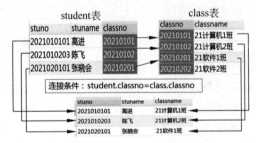

stuno	stuname	classno
2021010101	高进	20210101
2021010203	陈飞	20210102
2021020101	张晓会	20210201

图 4.17　单表查询得到的学生基本信息

图 4.18　表的连接示意

2. 表的三种连接

(1) 内连接(INNER JOIN)。从上面的连接过程中,我们还发现,三个学生的班级号在班级表中都有对应的班级名称,也就是说都能满足连接条件,所以在结果中都有显示。但是班级表中只有三个班级出现在结果中,"21 软件 2 班"因为没有学生和它相对应,也就是说不满足连接条件,所以它没有出现在结果中。这种只显示满足连接条件行的连接就称为内连接。

内连接的写法有三种。

① 隐式内连接语法格式如下。

```
SELECT 表名.列名
FROM 表名 1,表名 2,...,表名 n
WHERE 表的连接条件 AND 条件表达式
```

其中,SELECT 后是要查询的列。因为不止在一个表中查询,所以书写列名时,最好在前面带上所在的表名,以免产生歧义。

FROM 后是要查询的表,表之间用逗号隔开。

WHERE 后是表的连接条件,要注意把表的连接条件填写完整,一般两个表有一个连接条件,三个表有两个连接条件,N 个表有 N-1 个连接条件。最后如果还有其他查询条件,写在 AND 之后。

② 显式内连接语法格式。

```
SELECT 表名.列名
FROM 表名 1 INNER JOIN 表名 2 ON 表 1 和表 2 的连接条件
INNER JOIN 表名 3   ON 表 2 和表 3 的连接条件
...
WHERE 条件表达式
```

显式连接与隐式连接的区别在于:显式连接将连接的方式以及连接条件用 INNER JOIN 和 ON 很清晰地表达出来。书写程序时,只需要填空套入就可以了,不容易出错。

③ USING 连接。USING 连接是根据两个表中同名列相等的条件来进行内连接,它只能配合 JOIN 一起使用。

语法格式如下。

```
SELECT 表名.列名
FROM 表名 1 JOIN 表名 2
USING(同名列)
```

(2) 外连接(OUTER JOIN)。外连接分为左外连接(LEFT JOIN)和右外连接(RIGHT JOIN)。左外连接时,查询结果除包含与连接条件匹配的记录行外,还包括左表中的所有记录行。右外连接时查询结果除包含与连接条件匹配的记录行外,还包括右表中的所有记录行。

语法格式如下。

```
SELECT 表名.列名
FROM 左表 外连接方式 右表 ON 连接条件
WHERE 条件表达式
```

其中,外连接方式表示 LEFT JOIN 或 RIGHT JOIN,左表表示连接方式左边的表,右表表示连接方式右边的表。

(3) 交叉连接(CROSS JOIN)。交叉连接又称笛卡儿连接,是将左表中每一行记录与右表中所有记录进行连接,返回的记录行数为两表行数之积。此种连接在实际查询中应用不多。

语法格式如下。

```
SELECT 表名.列名
FROM 左表 CROSS JOIN 右表
```

3. 联合查询

联合查询(UNION)就是将多个 SELECT 语句的查询结果集合起来形成一个结果集。参与查询的 SELECT 语句中的列数和列的顺序必须相同,数据类型也必须兼容。

语法格式如下。

```
SELECT 语句 1
UNION
SELECT 语句 2
...
UNION
SELECT 语句 n
```

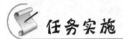 **任务实施**

视频 4.4：多表查询——内连接

1. 内连接

(1) 采用内连接查询学生学号、姓名及对应的班级名称。

分析：首先，根据查询要求可以看出，SELECT 列表中需要显示的列是 stuno、studentname 和 classname；要查询的表就是这些列所在的两个表：student 表和 class 表。然后再分析两个表的连接条件，参照任务导学中对表的连接过程的描述，两个表的连接条件显然是对应的 calssno 相等。

查询用隐式连接的方法，语句如下。

```
SELECT student.stuno,student.stuname,class.classname    --要查询的列
FROM student,class                                      --需要查询的表
WHERE student.classno=class.classno                     --表的连接条件
```

也可用 INNER JOIN 显式方法实现，语句如下。

```
SELECT student.stuno,student.stuname,class.classname    --要查询的列
FROM student INNER JOIN class                           --要连接的表
ON student.classno=class.classno                        --表的连接条件
```

因为两个表的连接条件是同名列相等，所以也可用 USING 连接，语句如下。

```
SELECT student.stuno,student.stuname,class.classname    --要查询的列
FROM student JOIN class                                 --要连接的表
USING (classno);                                        --表的连接条件
```

(2) 用内连接查询学号为 2021010101 和 2021010102 的学生姓名及对应的课程名称和成绩。

分析：查询需要显示三列，即 stuname、coursename 和 score，那就需要查询这三列所在的表，即 student 表、course 表和 sc 表。然后分析三个表的连接条件。三个表的关系如图 4.19 所示。可以看出 student 表与 sc 表通过 stuno 列相等相连，而 sc 表和 course 表通过 courseno 相等相连。

所以查询语句用隐式写法，语句如下。

```
SELECT student.stuname,course.coursename,sc.score    --要查询的列
FROM student ,sc ,course                             --要查询的表
```

```
WHERE student.stuno=sc.stuno AND sc.courseno=course.courseno   --表的连接条件
  AND student.stuno in ('2021010101','2021010102');              --其他查询条件
```

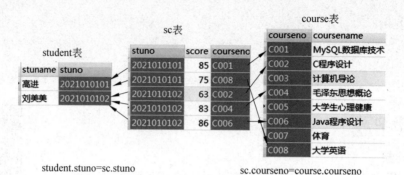

图 4.19　三表连接示意图

也可用 inner join,语句如下。

```
SELECT student.stuname,course.coursename,sc.score      --要查询的列
FROM student INNER JOIN sc ON student.stuno=sc.stuno   --student 表和 sc 表内连接
INNER JOIN course ON sc.courseno=course.courseno       --sc 表和 course 表内连接
WHERE student.stuno IN ('2021010101','2021010102');    --查询条件
```

最终的查询结果如图 4.20 所示。

(3) 采用自连接查询与高进同一个班的学生名单。

分析:查询的列是 student 表的 stuname 列。查询的条件是与高进同一个班。所以首先应该查询高进所在的 classno,然后查询该 classno 对应的同学名单。在这个过程中,查询了两次 student 表。所以,在查询中可以把 student 表看作两个表进行连接查询,如图 4.21 所示。这种把一个表分成两个表进行的内连接,称为自连接。

stuname	coursename	score
高进	MySQL数据库技术	85
高进	大学英语	75
刘美美	C程序设计	63
刘美美	毛泽东思想概论	83
刘美美	Java程序设计	86

图 4.20　学生选课查询结果

S1

stuname	classno
高进	20210101
刘美美	20210101
陈克强	20210101
丁一民	20210101
姚梅	20210101
张浩东	20210101
于民	20210201
张璐	20210102
陈飞	20210102
辛琪	20210102
张秋菊	20210102
路新源	20210102

S2

classno	stuname
20210101	高进
20210101	刘美美
20210101	陈克强
20210101	丁一民
20210101	姚梅
20210101	张浩东
20210201	于民
20210102	张璐
20210102	陈飞
20210102	辛琪
20210102	张秋菊
20210102	路新源

图 4.21　自连接示意图

为了区别这两个 student 表,在写代码时,可以在 FROM 之后给两个表指定别名,然后在整个查询过程都使用两个表的别名,比如分别取名为 S1 和 S2。根据前面的分析,显然这两个表的连接条件为 classno 相等。

所以,查询语句如下。

```
SELECT s2.stuname                          --要查询的列
FROM student s1 INNER JOIN student s2      --要查询的表,其中 s1 和 s2 为表的别名
ON s1.classno=s2.classno                   --表的连接条件
WHERE s1.stuname='高进';                   --其他查询条件
```

也可以用如下语句。

```
SELECT s2.stuname FROM student s1,student s2
WHERE s1.classno=s2.classno AND s1.stuname='高进';
```

（4）查询平均分大于 80 分的课程名单。

分析:该查询需要显示的列是课程名称(coursename)和平均分(AVG(score))。coursename 是一个普通的列,而 AVG(score)是聚合函数。当普通的列和聚合函数在同一选择列表中时,需要采用分组汇总,分组汇总的列就是 SELECT 列表中的普通列,此处为 coursename。

因 coursename 列和 score 列分别来自 course 表和 sc 表,所以需要两个表的连接,连接条件为两表中的 courseno 相等。

所以,查询语句如下。

```
SELECT course.coursename,AVG(sc.score)                      --需显示的列
FROM course INNER JOIN sc ON course.courseno=sc.courseno    --内连接
GROUP BY course.coursename              --按 SELECT 列表中的普通列 coursename 分组
HAVING AVG(sc.score)>80;                --分组完后需筛选的条件
```

通过这个例子可以看出,表的连接可以与分组查询相结合,实现更加复杂的查询。

2. 外连接

采用外连接查询所有教师的授课情况,没有授课的老师也显示出来。

分析:此查询需要显示的列为 teacher 表中的 teaname 和 course 表中 coursename,而且 teacher 表的 teaname 还必须全部显示。这种需要显示不满足条件行的情况需要用外连接实现。连接条件为两个表的共同列 teano 相等,teacher 表为全部显示方。

视频 4.5:多表查询——外连接

用左连接实现的语句如下。

```
SELECT teaname ,coursename           --要显示的列
FROM teacher LEFT JOIN course        --连接的表,此处左表为 teacher,右表为 course
ON teacher.teano=course.teano;       --连接条件
```

查询结果如图 4.22 所示。可以看出左表 teacher 中的 teaname 列全部显示了,没有授课的老师对应的 coursename 列显示为 NULL。

此查询也可用右连接来写,此时只需将 teacher 表改为右表即可。语句如下。

```
SELECT teaname ,coursename           --要显示的列
FROM course RIGHT JOIN teacher       --连接的表,此处右表为 teacher,左表为 course
ON teacher.teano=course.teano;       --连接条件
```

teaname	coursename
张慧中	C程序设计
赵成功	Java程序设计
陈金华	MySQL数据库技术
陈金华	体育
刘墨菊	(Null)
季含之	计算机导论
陈诚	(Null)
陆元	毛泽东思想概论
齐东云	大学生心理健康
路红枫	大学英语
秦策	(Null)

图 4.22　外连接结果

如果需要查询没有开课的教师姓名,可以在上述的语句后面再添加一个条件即可,可写作:

```
SELECT teaname , coursename          --要显示的列
FROM teacher LEFT JOIN course        --连接的表,此处左表为 teacher,右表为 course
ON teacher.teano=course.teano        --连接条件
WHERE coursename IS NULL;             --查询条件
```

3. 联合查询

采用联合查询班级"21 计算机 1 班"和"21 软件 1 班"两个班的同学学号和姓名。

分析:此处可以分别查询两个班的学生信息,然后将两个 SELECT 查询用 UNION 联合起来。如前分析,查询对应班级名称的学生信息需要连接 class 和 student,所以查询语句如下。

```
SELECT stuno as '学号',stuname as '姓名'
FROM student INNER JOIN class ON student.classno=class.classno
WHERE class.classname='21 计算机 1 班'
UNION                              --UNION 关键字将两个查询联合起来
SELECT stuno as '学号',stuname as '姓名'
FROM student INNER JOIN class ON student.classno=class.classno
WHERE class.classname='21 软件 1 班';
```

 巩固提高

(1) 总结多表查询的语法格式,将内容填入表 4.8 中。

表 4.8　多表查询总结

连接	语法	举例
内连接		
外连接		
交叉连接		
联合		

（2）在 xk 数据库中完成下面的查询。

① 查询陈金华老师讲授的课程名称。

② 查询职称为教授的教师名单。

③ 查询职称为教授的教师的授课课程（显示职称、教师名称、授课课程）。

④ 查询平均成绩大于 80 分的学生名单（显示学生姓名和平均分）。

⑤ 查询"21 计算机 1 班"同学的总人数。

⑥ 用外连接查询没有人选的课程名单。

⑦ 用自连接查询与张慧中老师同一职称的教师名单。

任务 4.4　子查询

 任务导学

任务描述

用子查询语句对选课系统数据库中的表进行较复杂的查询、插入、更新和删除操作。

学习目标

• 理解子查询的含义。

• 熟练掌握子查询语句的用法。

• 熟练掌握子查询在查询、插入、更新和删除语句中的用法。

知识准备

1. 什么是子查询

在任务 4.3 中有这样一个查询：查询和高进同一个班的学生名单。采用的方法是用表的自连接查询。还有没有其他的办法呢？思路如下。

首先，查询出高进的班级编号。语句如下。

```
SELECT classno FROM student WHERE stuname='高进';
```

得到的结果为 20210101。

然后，将这个结果代入条件表达式，查询学生名单，写作：

```
SELECT stuname FROM student WHERE classno='20210101';
```

这样就可以得到最终查询结果了。

但是这样分两步进行查询显然是不切实际的，因为，第一步的结果不方便存放。能否把第一个查询直接嵌入第二个查询中呢？这是可以的，语句如下。

```
SELECT stuname FROM student
WHERE classno=(SELECT classno FROM student WHERE stuname='高进');
```

SELECT 命令语句可以嵌入其他 SELECT 语句、INSERT 语句、UPDATE 语句或者

DELETE 语句中作为条件表达式的一部分,这些 SELECT 查询称为子查询。

子查询可以将复杂的查询分解成一系列的逻辑步骤,通过使用单个查询命令来解决复杂的查询问题。

2. 子查询的执行过程

子查询的执行分为 4 步,以上述查询李进同班同学为例,它的执行过程如下。

(1) 执行外层查询 select stuname from student,并通过 where classno 条件语句将相关列 classno 传给内层查询。

(2) 再去执行内层查询 SELECT classno FROM student WHERE stuname='高进',得到子查询结果,这里是高进的班级号 20210101。

(3) 将查询行的 classno 和子查询的结果(20210101)相比较,满足相等的条件就归入要查询的结果集。

(4) 重复前面的三步,逐行查询 student 表,直到查询完毕。

3. 子查询的用法

子查询做条件时的语法格式如下。

WHERE 表达式 运算符 (子查询)

其中,运算符可以为比较运算符以及 IN 和 EXISTS 等关键字。

- 当子查询的返回结果为单个值时,通常可以用比较运算符。
- 当子查询的返回结果为单列集合时,可以使用 IN 关键字。
- 当需要判断子查询的结果集是否为空时,使用 EXISTS 关键字。

 任务实施

1. 子查询在查询数据中的应用

(1) 用子查询查询讲授"MySQL 数据库技术"课程的教师姓名。

视频 4.6:子查询在查询数据中的应用

分析:在该查询中,SELECT 列表中需要显示是 teacher 表的 teaname 列。所以外层查询语句为 SELECT stuname FROM teacher。

查询的条件是讲授的课程为"MySQL 数据库技术"。课程名称在 course 表中,而 course 表中与教师对应的列是 teano 列,所以子查询的相关列就是 teano 列,需要查询的子查询是:在 course 表中查找 MYSQL 数据库技术所对应的 teano。又因为对应该课程的老师只有一个,所以可以用与返回单值相对应的"="运算符。

所以最终完整的子查询语句如下。

```
SELECT teaname FROM teacher          --在 teacher 表查询 teaname
WHERE teano=(SELECT teano FROM course WHERE coursename='MySQL 数据库技术');
                            --限定查询条件:teano 为子查询所得 teano
```

(2) 查询比高进同学年龄大的同学名单。

分析:该查询中,外层查询是查询 student 表的 stuname 列。

查询条件为年龄大于高进的年龄,所以运算符为">",子查询为查询高进的年龄。

查询语句可以写作：

```
SELECT stuname FROM student                    --外层查询为 student 表的 stuname
WHERE age>(SELECT age FROM student WHERE stuname='高进');    --查询条件
```

（3）查询平均分高于 85 分的同学名单。

分析：该查询中，外层查询是查询 student 表的 stuname 列。

条件是平均成绩大于 85 分。因为分数在 sc 表中，所以这个条件显然需要查询 sc 表。sc 表与 student 表的相关列为 stuno。子查询是查询 sc 表中平均成绩大于 85 分的学号，这些同学不止一个，所以子查询返回的值不止一个，所以可以用表示范围的运算符 IN。

最终子查询语句如下。

```
SELECT stuname FROM student                    --外层查询为 student 表的 stuname
WHERE stuno IN                                 --WHERE 条件表达式限定 stuno 范围
(SELECT stuno FROM sc GROUP BY stuno HAVING AVG(score)>85);    --子查询
```

值得注意的是，子查询中，需要统计每个学生的平均分，所以需要按照 stuno 分组汇总。

（4）查询有授课任务的教师名单。

分析：该查询中，查询的是 teacher 表的 teaname。条件是有授课任务，也就是 teano 在 course 表中存在。查询是否存在，可用 EXISTS 关键字，它表示存在性检查。若子查询返回行数多于 0 行，则返回"真"；否则，返回"假"。

所以查询语句可以写作：

```
SELECT teaname
FROM teacher
WHERE EXISTS(SELECT * FROM course where teano=teacher.teano);
```

2. 子查询在插入数据中的应用

查询 student 表中 classno 为 20210101 的学生信息，并生成新表 student1。然后向 student1 表中插入 classno 为 20210102 的学生信息。

子查询除了可以做查询的条件，还可以用在 create table 和 insert 语句中，将查询结果作为数据值，插入与之相同结构的表中。

视频 4.7：子查询在操作数据中的应用

首先，将子查询结果生成新表，可以写作：

```
CREATE TABLE student1                --创建 student1 表
SELECT * FROM student                --子查询作为 student1 表数据
WHERE classno='20210101';
```

然后，将 classno 为 20210102 的学生信息插入，语句如下。

```
INSERT INTO student1                --向 student1 表中插入数据
SELECT * FROM student               --子查询作为要插入的数据
WHERE classno='20210101';
```

3. 子查询在更新数据中的应用

(1) 将丁一民同学的"MySQL 数据库技术"课程的分数改为 98 分。

分析:首先更新的是 sc 表的 score 列,可写作:

```
UPDATE sc SET score=98
```

其次,更新的条件有两个。一是课程名称为"MySQL 数据库技术",这里需要用子查询从 course 表中查出该课程对应的 courseno,然后使要更新的课程号和子查询查出的课程号相等就可以了。可以写作:

```
courseno=(SELECT courseno FROM course WHERE coursename='mysql 数据库技术')
```

二是学生的姓名是丁一民,这需要用子查询在 student 表中查出丁一民的 stuno,然后使得要更新的学号与子查询查出的丁一民的学号相等就行了。可以写作:

```
stuno=(SELECT stuno FROM student WHERE stuname='丁一民')
```

所以,最后更新语句如下。

```
UPDATE sc
SET score=98
WHERE courseno=
(SELECT courseno FROM course WHERE coursename='MySQL 数据库技术')
AND stuno=(SELECT stuno FROM student WHERE stuname='丁一民');
```

(2) 将"C 程序设计"的任课教师编号 teano 更新为陈金华老师的编号。

分析:需要更新的是 course 表的 teano 列,更新后的值是陈金华老师的编号,这个值需要用子查询在 teacher 表中查出。

所以该更新语句如下。

```
UPDATE course
SET teano=(SELECT teano FROM teacher WHERE teaname='陈金华')
WHERE coursename='C 程序设计';
```

4. 子查询在删除数据中的应用

删除选课表中刘美美同学选修"C 程序设计"课程的记录。

分析:子查询也可用于删除操作的条件表达式中。与更新操作类似,所以语句如下。

```
DELETE FROM sc
WHERE courseno=(SELECT courseno FROM course WHERE coursename='C 程序设计')
AND stuno=(SELECT stuno FROM student WHERE stuname='刘美美');
```

 巩固提高

(1) 总结子查询的用法,内容填入表 4.9 中。

表 4.9   子查询的用法总结

子查询类别	语 法	举 例
比较运算符子查询		
IN 子查询		
EXISTS 子查询		
INSERT 子查询		
UPDATE 子查询		
DELETE 子查询		
子查询和表的连接用法的异同点		

（2）用子查询的方法在选课系统数据库中做以下题目。

① 查询丁一民选修的课程名单。

② 查询比平均分高的同学名单。

③ 将"21 计算机 1 班"的同学的年龄加 1 岁。

④ 统计"21 计算机 1 班"选修"C 程序设计"课程的平均分。

项目小结

本项目通过对选课系统数据库实施的四个查询任务，介绍了使用 SELECT 查询语句查询数据表的基本用法，并进一步介绍了分组查询、多表查询和子查询的写法以及在实际查询中的应用技巧。读者可以在熟练掌握查询语句用法的基础上，结合同步训练以及自测训练，进一步锻炼自己的综合数据查询能力，为之后的优化查询和 SQL 编程奠定基础。

同步实训 4   查询学生党员发展管理数据库中的数据

1. 实训描述

在同步实训 3 中，我们已经建好了学生党员管理数据库及其中的表，并插入了数据，如图 4.23～图 4.28 所示。本项目中，我们将对学生党员数据库中表进行数据综合查询操作。

tno	tname	sex	partyTime	bno
T001	张辉	男	1999-09-06	B01
T002	李莉	女	2015-08-06	B02
T003	陈学军	男	2009-07-01	B03
T004	张路利	女	2001-09-06	B04
T005	吕明明	男	2003-07-01	B02
T006	金风	女	2013-07-01	B03

图 4.23   入党联系人表（recommender）数据

stuno	stuname	sex	birthday	nation	bno
2021010101	张名	男	2003-09-05	汉	B01
2021010109	陈默	女	2002-12-05	满	B01
2021010310	李娜	女	2003-07-15	汉	B01
2021010702	莫杨杨	男	2003-02-13	汉	B01
2021030108	陈明军	男	2003-06-19	回	B02
2022030818	赵梅梅	女	2004-06-19	汉	B02

图 4.24　学生信息表(student)数据

talkno	stuno	tno	talkTime	comment
Tk001	2021010310	T001	2022-12-09 11:52:22	良好
TK002	2021010700	T003	2022-12-10 11:53:37	合格
TK003	2021030100	T005	2022-11-16 11:54:04	良好

图 4.25　谈话表(talk)数据

Lno	Lname
L01	团员
L02	入党积极分子
L03	青马课学员
L04	党课学员
L05	预备党员
L06	党员

图 4.26　培养阶段表(level)数据

stuno	lno	stime
2021010101	L02	2022-05-2
2021010101	L03	2022-09-3
2021010109	L02	2022-05-2
2021010109	L03	2022-09-3
2021010310	L03	2022-09-3
2021010310	L04	2022-12-1
2021010702	L04	2022-09-3
2021030108	L03	2022-09-3
2021030108	L04	2022-12-1

图 4.27　学生培养阶段表(stulevel)数据

bno	bname
B01	信息工程系党支部
B02	商务英语系党支部
B03	行政第一党支部
B04	行政第二党支部

图 4.28　党支部表(partybranch)数据

2. 实训要求

请用 SQL 命令查询学生党员发展管理数据库中的表,并保存成.sql 文件。

3. 实施步骤

(1) 查询学生信息表(student)中汉族同学的信息。

(2) 查询入党联系人表(recommender)中入党时间早于 2005 年的教师信息。

(3) 查询学生信息(student)表中姓张的同学信息。

(4) 查询入党联系人(recommender)表中姓名最后一个字为军的老师信息。

(5) 查询青马课时间为 2021 年 9 月份的学生姓名。

(6) 查询没有上过党课的学生名单。

(7) 统计每个支部参加党课的人数(显示支部名称、人数)。

(8) 统计张辉老师谈话的学生人数。

(9) 查询参加青马培训还没有上党课的学生名单。

学习成果达成测评

项目 名称	查询选课系统数据库表数据		学时	20	学分	1
安全 系数	1 级	职业能力	数据查询能力		框架 等级	6 级
序号	评价内容	评价标准				分数
1	列的选择	查询所有列、部分列,计算列,指定列标题				
2	行的筛选	条件表达式的各种表示(关系运算、逻辑运算、IN、BETWEEN... AND)				
3	模糊查询	LIKE 及其匹配符、REGEXP 及其匹配用法				
4	排序	排序方法和语句				
5	聚合函数	SUM、COUNT、MAX、MIN、AVG、GROUP_CONCAT 函数的 用法				
6	分组查询	理解分组查询,掌握分组查询语句写法及 HAVING 和 WHERE 的 不同用法				
7	多表连接	表的连接概念				
8	内连接	内连接的连接过程及内连接的几种写法				
9	外连接	外连接的分类和写法				
10	联合查询	UNION 的用法				
11	子查询	子查询的含义、子查询的各种用法				
	项目整体分数(每项评价内容分值为 1 分)					
考核 评价	指导教师评语					

项目自测

一、知识自测

1. SELECT 查询语句的子句有多个,但至少需要包括(　　)子句。

　　A. SELECT 和 INTO 　　　　　　B. SELECT 和 FROM

　　C. SELECT 和 GROUP BY 　　　　D. 仅 SELECT

2. 在 T-SQL 中,SELECT 查询语句中使用关键字(　　)可以把重复行屏蔽。

　　A. DISTINCT 　　B. UNION 　　C. ALL 　　　　D. TOP

3. 下列语句中,不是表数据基本操作语句的是(　　)。

　　A. CREATE　　　　B. INSERT　　　　C. DELETE　　　　D. UPDATE

4. 模糊查询的关键字是(　　)。

　　A. NOT　　　　B. AND　　　　C. LIKE　　　　D. OR

5. 联合查询使用的关键字是(　　)。

　　A. UNION　　　　B. JOIN　　　　C. ALL　　　　D. FULL ALL

6. 从关系中按所需顺序选取若干个属性构成新关系,这是关系运算中的(　　)。

　　A. 选择　　　　B. 投影　　　　C. 连接　　　　D. 查询

7. 查询结果除包含与连接条件匹配的记录行外,还包括左表中的所有记录行,这种连接称为(　　)。

　　A. 内连接　　　　B. 左外连接　　　　C. 右连接　　　　D. 交叉连接

二、技能自测

1. 用 CREATE TABLE 语句创建表并插入数据,如表 4.10~表 4.12 所示。

表 4.10　customer 表数据

custno (客户编号)	custname (客户姓名)	sex (性别)	address (地址)	telephone (电话)
C0001	张阳	男	青岛市李沧区	15896933625
C0002	陈默辉	男	北京市朝阳区	18963526423
C0003	季冬梅	女	潍坊市奎文区	NULL

表 4.11　orders 表数据

orderno (订单号)	goodno (货品编号)	custno (客户编号)	quantity (数量)	orderdate (订货日期)
Or0001	G0002	C0001	10	2022-02-05
Or0002	G0001	C0002	2	2022-03-06
Or0003	G0002	C0002	5	2022-09-23
Or0004	G0001	C0003	5	2022-02-17
Or0005	G0003	C0002	2	2022-11-03
Or0006	G0002	C0003	2	2022-12-06

表 4.12　goods 表数据

goodno (货品编码)	goodname (货品名称)	inverntory (库存量)	price (售价)
G0001	海信电视 75E35H	200	6800
G0002	海尔空调 35KBB83	100	3214
G0003	华为笔记本 Matebook16s	20	7899

2. 对表中的数据进行下面的查询操作。

(1) 查询客户表中姓张的客户信息。

(2) 查询订货日期在 2022-1-1 至 2022-10-1 的订单信息。

（3）查询库存量小于 50 的货品名称。

（4）分组查询每种货品的销售总金额。

（5）查询货品名称有海信电视字样的商品的销售情况（名称、数量、订货日期）。

（6）查询每个客户所订货物的信息（订单号、客户的姓名、所订货物名称、订货数量）。

（7）查询有 2 个订单的客户信息。

学习成果实施报告

请填写下表,简要总结在本项目学习过程中完成的各项任务,描述各任务实施过程中遇到的重点、难点以及解决方法,并谈谈自己在项目中的收获与心得。

题目					
班级		姓名		学号	
任务学习总结(建议画思维导图)：					
重点、难点及解决方法：					
举例说明在知识技能方面的收获：					
举例谈谈在职业素养等方面的思考和提高：					
考核评价(按 10 分制)					
教师评语：				态度 分数	
				工作 分数	

项目5 优化查询选课系统数据库

项目情境

遵循数据库开发六步骤，项目 2 和项目 3 完成了选课系统数据库的设计与实施，项目 4 进入了数据库的应用开发阶段，实现了数据的查询，如图 5.1 所示。

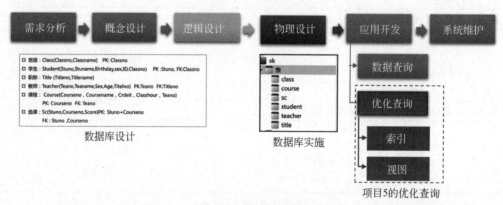

图 5.1　本项目在数据库开发中的位置

随着数据的不断增多，如果仅仅只追求能查询出数据，而不讲究查询策略，很有可能查询速度会逐渐变慢。所以，我们不仅要学会查询数据，还要学会优化查询性能，提高查询效率。本项目中，我们将学习数据库应用开发的第二项内容：优化查询选课系统数据库。

其中，将用到两个基本的优化查询的方法：索引和视图。索引是对数据库表中一列或多列的值进行排序的一种结构，就像表中数据的目录一样。而视图是由一个或多个数据表导出的虚拟表，它能简化用户对数据的理解，简化复杂的查询，并能保护数据安全。合理应用这两种方法可以大大提高数据的检索性能。

学习建议

（1）对三级模式结构的理解可参照具体案例。

（2）索引和视图的概念可以通过类比来理解，可把索引理解为目录，把视图理解为窗口。

思政窗口

追求卓越、精益求精，谈优化查询数据库中的工匠精神。

文档 5.1：优化查询数据
库中的工匠精神

任务 5.1　视图

任务导学

任务描述

用 SQL 语句给选课系统的表创建视图，并通过视图操作表中的数据。

学习目标

- 理解数据库的三级模式结构。
- 能够描述视图的概念及作用。
- 能够运用 SQL 语句创建、修改和删除视图。
- 能够运用 SQL 语句通过视图操作表数据。

知识准备

1. 数据库的三级模式结构

数据库设计有严谨的体系结构，其公认的标准结构是三级模式结构，如图 5.2 所示。它包括外模式、模式和内模式，通过它可以有效地组织和管理数据，提高数据库的逻辑独立性和物理独立性。

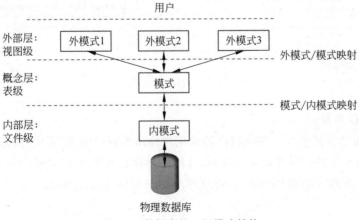

图 5.2　数据库的三级模式结构

内模式也称为存储模式,是对数据库的物理结构和存储方式的描述。它对应的是数据库的文件方式。

模式也称为概念模式,是数据库中全部数据的逻辑结构和特征的描述。它对应数据库中表的结构设计。

外模式也称为用户模式和子模式,是用户与数据库系统的接口,是用户用到的那部分数据的描述。它对应的是用户视图。

因为数据库只有一个,所以数据库的内模式和模式只有一种,而数据库面临的用户有很多,所以针对不同的用户会有不同的外模式。外模式可以有多个。

数据库系统在三级模式之间提供了两级映射。

(1) 模式/内模式映射:实现模式到内模式的相互转换。

(2) 外模式/模式映射:实现外模式到模式的相互转换。

2. 什么是视图

视图是一个虚拟的表,是从数据库中一个或多个表中通过查询定义导出的结果。它并不真正存放数据,它显示的数据会随基表数据的改变而改变。

例如,20210101 班的班长想操作本班同学数据,该怎么做呢? 我们不可能把存有全校同学信息的 student 表全部拿给他供他查询,因为这样就泄露了太多学生的信息。我们最好只能让他查看到本班同学的信息,并对这些信息进行数据操作,如图 5.3 所示。这个只显示 20210101 班同学信息的"表"并不是真正的表,只不过是运行预存的"SELECT ＊ FROM student WHERE classno＝'20210101'"这条查询语句的结果而已,这就是视图。通过这个视图,可以限制用户的权限,使用户只能操作部分数据。

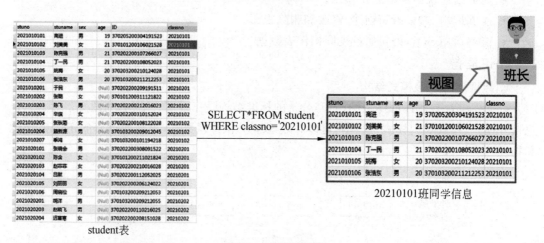

图 5.3　视图示意图

3. 为什么使用视图

(1) 简化对数据的操作。视图可以简化用户操作数据的方式,可以将经常使用的连接、投影、联合查询和选择查询等定义为视图,这样每次执行相同的查询时,不必重写这些复杂的语句,只要一条简单的视图查询语句即可。视图可向用户隐藏表与表之间复杂的连接操作。

(2) 保护数据的安全性。视图是一种安全机制,通过视图用户只能查看或者操作自己权限范围内所能看到的数据,对其他数据库或表既不可见,也不可访问。

（3）提高了逻辑数据独立性。视图是一种外模式。如果没有视图,程序只能建立在表上;有了视图,程序可以建立在视图之上,从而使应用程序与数据表分离开,提高了逻辑数据的独立性。

4. 创建与管理视图的方法

可以用 Navicat 图形管理工具创建管理视图,也可以用 SQL 语句创建管理视图,用SQL 语句创建管理视图语法如下。

（1）用 CREATE VIEW 语句创建视图。创建视图的语法如下。

```
CREATE VIEW 视图名
AS SELECT 语句
[WITH CHECK OPTION]
```

其中,[WITH CHECK OPTION]为可选项,选择此项表明强制所有通过视图修改的数据必须满足定义视图的 SELECT 语句指定的选择条件。

（2）用 ALTER VIEW 语句修改视图。修改视图的语法如下。

```
ALTER VIEW 视图名
AS SELECT 语句
[WITH CHECK OPTION]
```

（3）用 DROP VIEW 语句删除视图。删除视图的语法如下。

```
DROP VIEW 视图名 1,视图名 2...
```

可以一次删除多个视图,视图之间用逗号隔开。

5. 通过视图进行数据操作

视图一旦创建,就可以像表一样对其中的数据进行查询、插入、删除和更新。但如果视图中有下面所述属性,则插入、更新或删除数据将失败。

- 视图定义中的 FROM 子句包含两个或多个表,且 SELECT 选择列表达式中的列来自多个表,则不能通过视图操作数据。
- 视图的列是从聚合函数、常量或表达式派生出来的,则不能通过视图操作数据。
- 视图中的 SELECT 语句中包含 GROUP BY 子句或者 DISTINCT、UNION、UNION ALL、TOP 关键字,则不能通过视图操作数据。

注意：虽然可以通过视图更新或删除数据,但是限制较多,实际上视图大多仅作为虚拟的表供用户查询。

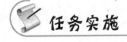
任务实施

1. 用 Navicat 创建管理视图

（1）用 Navicat 中定义方式,创建名为 v_student1 的视图,显示班级号为 20210101 的学生信息。操作步骤如下。

视频 5.1：创建与
管理视图

① 打开 Navicat 中的 xk 数据库,右击"视图"节点,选择"新建视图"命令,如图 5.4 所示。

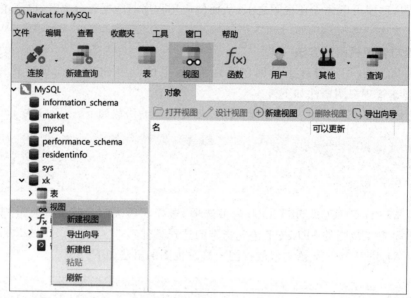

图 5.4　用 Navicat 新建视图

② 进入视图编辑界面后,可以在定义窗口内直接写视图对应的 SELECT 语句,如图 5.5 所示。

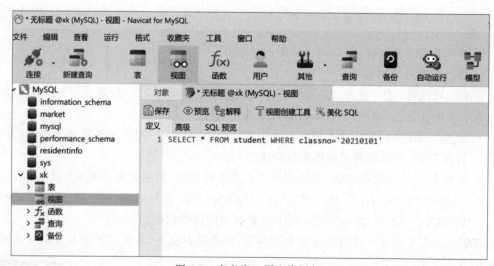

图 5.5　定义窗口写查询语句

③ 写好查询代码后,单击"保存"按钮,在"另存为"对话框中输入视图名称,再单击"保存"按钮,则视图创建成功,如图 5.6 所示。

④ 创建完视图后,可以单击 xk 数据库下的"视图"节点,发现 v_student1 视图已经存在。右击 v_student1,选择"打开视图"命令,打开视图,可以看出,视图显示的正是 20210101 班的学生信息,如图 5.7 所示。

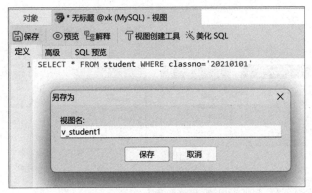

图 5.6 保存视图

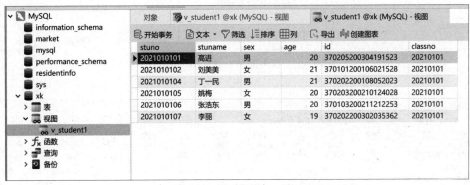

图 5.7 查看 v_student1 视图

（2）用 Navicat 中的"视图创建工具"创建名为 v_studentxk 的视图，显示学生选课成绩（显示列为 stuname、coursename、score）。该视图显然是基于 student、course 和 sc 三个表的多表连接查询。

操作步骤如下。

① 进入视图编辑界面后，单击工具栏中的"视图创建工具"按钮，打开视图设计器。

将视图需要的三个基表 student、course 和 sc 拖入视图设计区中，因为三个表之间有外键，所以对应的查询语句在脚本浏览区自动显示为以外键相等为条件的内连接。然后选择所需显示的列（stuname、coursename 和 score）。因为没有其他条件，所以该视图至此已经完成设计了。如果还有其他条件，可编辑下面的 SELECT 语句编辑区实现，如图 5.8 所示。

② 单击"构建并运行"按钮，在定义窗口显示视图的查询语句以及查询结果。单击"保存"按钮，另存视图名为 v_studentxk，则该视图创建完成，如图 5.9 所示。

（3）用 Navicat 修改 v_studentxk 视图，使其不再显示课程成绩，并删除 v_student 视图。

操作步骤如下。

① 右击 xk 数据库下的"视图"节点下的 v_studentxk 视图，选择"设计视图"命令，如图 5.10 所示。进入该视图的设计界面，与之前创建视图的方式一样，取消对 sc 表中 score 列的选取，然后保存该视图即可。

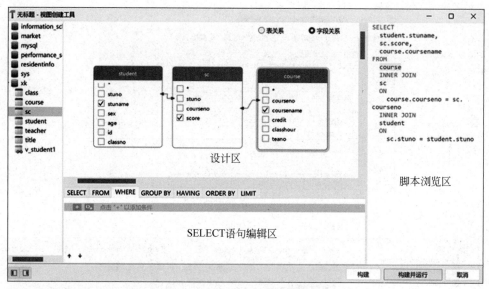

图 5.8　视图创建工具中创建视图

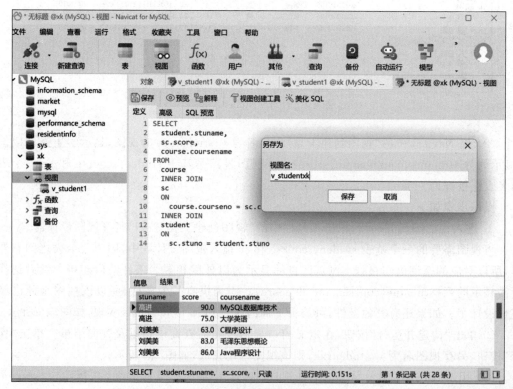

图 5.9　构建运行视图

　　② 右击 xk 数据库下的"视图"节点下的 v_student 视图,选择"删除视图"命令,如图 5.11 所示,在弹出的对话框中单击"确定"按钮,即可删除该视图。

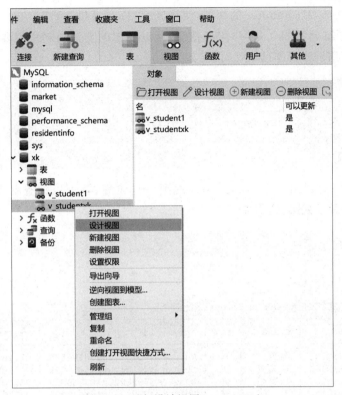

图 5.10　重新设计视图 v_studentxk

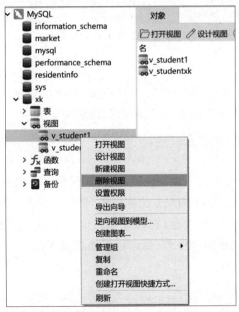

图 5.11　删除 v_student 视图

2. SQL 语句创建视图

（1）创建名为 v_21computer 的视图，使其显示"21 计算机 1 班"学生的所有信息。

视图需显示"21 计算机 1 班"学生的信息，所以视图的查询语句中需要内连接 class 表与 student 表，套用创建视图的语法，语句如下。

```
CREATE VIEW v_21computer
AS
SELECT student.* FROM student JOIN class
ON student.classno=class.classno
WHERE classname='21 计算机 1 班';
```

（2）查看建好的视图 v_21comptuer。视图一旦建好，就可以像查看表一样查看。用 SELECT 语句查看该视图，语句如下。

```
SELECT * FROM v_21computer;
```

结果如图 5.12 所示。

```
mysql> SELECT * FROM v_21computer;
+------------+----------+-----+------+--------------------+----------+
| stuno      | stuname  | sex | age  | id                 | classno  |
+------------+----------+-----+------+--------------------+----------+
| 2021010101 | 高进     | 男  | NULL | 370205200304191523 | 20210101 |
| 2021010102 | 刘美美   | 女  | NULL | 370101200106021528 | 20210101 |
| 2021010103 | 陈克强   | 男  | NULL | 370202200107266027 | 20210101 |
| 2021010104 | 丁一民   | 男  | NULL | 370202200108052023 | 20210101 |
| 2021010105 | 姚梅     | 女  | NULL | 370203200210124028 | 20210101 |
| 2021010106 | 张浩东   | 男  | NULL | 370103200211212253 | 20210101 |
+------------+----------+-----+------+--------------------+----------+
6 rows in set (0.00 sec)
```

图 5.12　用 SELECT 语句查看视图

3. 通过视图操作数据

（1）在 v_21computer 视图中查询"21 计算机班"男生的信息。视图一旦完成，就可以和表一样进行数据查询了，所以查询语句如下。

```
SELECT * FROM v_21computer WHERE sex='男';
```

视频 5.2：通过视图
操作数据补充案例

可以看出通过视图大大简化了查询代码的书写，优化了查询性能。

（2）通过视图 v_21computer 向"21 计算机班"插入一个同学的信息。该视图的定义语句虽然涉及两个表，但它的选择列值只来自一个表（student），且该视图选择列值包含了 student 表的所有非空列，所以可以通过该视图向 student 表插入数据。

所以，插入语句如下。

```
INSERT v_21computer (stuno,stuname,sex,age,id,classno)
VALUES ('2021010108','陈诚','女',19,'370202200212131813','20210101');
```

注意：插入数据时，INSERT 之后需写明插入数据的列，不写明列名将出现错误。如果视图只参考一个表,且输入的是基表所有的数据时,列名可省略。

(3) 通过视图将高进、姚梅和张浩东同学的年龄更新为 19 岁。可以通过该视图更新表中的数据,更新语句如下。

```
UPDATE v_21computer
SET age=19
WHERE stuname IN('高进','姚梅','张浩东');
```

更新语句执行成功后,通过 SELECT ＊ FROM student 语句查询基表 student 的数据,如图 5.13 所示。可以看出以上学生的年龄已经更新了。

```
mysql> SELECT * FROM student;
+------------+----------+-----+------+--------------------+----------+
| stuno      | stuname  | sex | age  | ID                 | classno  |
+------------+----------+-----+------+--------------------+----------+
| 2021010101 | 高进     | 男  |   19 | 370205200304191523 | 20210101 |
| 2021010102 | 刘美美   | 女  | NULL | 370101200106021528 | 20210101 |
| 2021010103 | 陈克强   | 男  | NULL | 370202200107266027 | 20210101 |
| 2021010104 | 丁一民   | 男  | NULL | 370202200108052023 | 20210101 |
| 2021010105 | 姚梅     | 女  |   19 | 370203200210124028 | 20210101 |
| 2021010106 | 张浩东   | 男  |   19 | 370103200211212253 | 20210101 |
| 2021010107 | 李进     | 男  |   19 | 370202200212131586 | 20210101 |
| 2021010108 | 陈诚     | 女  |   19 | 370202200212131813 | 20210101 |
+------------+----------+-----+------+--------------------+----------+
```

图 5.13　通过视图更新表的数据

(4) 通过该视图删除陈诚同学的信息。尝试运行以下语句。

```
DELETE FROM v_21computer
WHERE Stuname='陈诚';
```

会发现有错误,提示如图 5.14 所示。

```
mysql> DELETE FROM v_21computer
    -> WHERE stuname='陈诚';
ERROR 1395 (HY000): Can not delete from join view 'xk.v_21computer'
```

图 5.14　删除错误提示

可以看出,对于基于多个表的视图,是不允许通过该视图删除数据的。如果想通过视图删除基表数据,定义视图时只能基于一个表。

4. 修改和删除视图

(1) 将 v_21computer 视图改为只基于 student 表,然后设置 WITH CHECK OPTION 选项,使得经过该视图操作的数据必须满足该视图的定义,也就是只能操作该班同学的信息。

可以用 ALTER 语句修改视图,语句如下。

```
ALTER VIEW v_21computer
AS
SELECT ＊ FROM student
WHERE classno='20210101'
WITH CHECK OPTION;
```

(2) 通过视图向表中分别插入一条班级号为 20210102 和 20210101 的学生信息,查看哪条信息能插入成功,然后说明原因。

通过视图向表中插入两条记录的语句如下。

```
INSERT v_21computer
VALUES('2021010109','李霞','女',19,'370202200212131819','20210101');
INSERT v_21computer
VALUES('2021010109','章泉','男',20,'370202200112131819','20210102');
```

执行上述语句,可以发现班级号为 20210101 的记录插入成功,而班级号为 20210102 的记录插入失败,如图 5.15 所示。因为前者(班级号为 20210101)满足视图的定义,而后者(班级号为 20210102)不满足视图的定义。

```
mysql> INSERT v_21computer
    -> VALUES('2021010109','李霞','女',19,'370202200212131819','20210101');
Query OK, 1 row affected (0.00 sec)

mysql> INSERT v_21computer
    -> VALUES('2021010109','章泉','男',20,'370202200112131819','20210102');
ERROR 1369 (HY000): CHECK OPTION failed 'xk.v_21computer'
```

图 5.15　插入错误提示

(3) 用 DROP VIEW 语句删除本视图。语句如下。

```
DROP VIEW v_21computer;
```

 巩固提高

(1) 总结视图知识点,将内容填入表 5.1 中。

表 5.1　视图知识总结

知识点	概念(语法)	举　　例
三级模式结构		
视图的概念		
创建视图		
修改视图		
删除视图		

(2) 用 SQL 语句完成以下任务。

① 创建名为 V_sjk 的视图,其中显示了选修数据库这门课程的学生名字和成绩。

② 通过 V_sjk 视图查看该课程成绩大于 80 分的学生名单。

③ 创建名为 V_course 的视图,其中显示出 classhour 值大于 72 的课程信息。

④ 通过视图 V_course 向 course 表中插入一行数据。

⑤ 通过视图 V_course 删除 course 表中"美术欣赏"这门课程。

任务 5.2 索引

 任务导学

任务描述

使用 Navicat 和 SQL 语句两种方法,给选课系统的表创建各种类型的索引,并根据要求用不同的方法查看、修改和删除这些索引。

学习目标

- 能够描述索引的概念及作用。
- 能够运用 Navicat 创建管理索引。
- 能够运用 SQL 语句创建、修改、查看和删除索引。

知识准备

1. 索引的概念

索引也称为"键",是存储引擎用于快速查找记录的一种数据结构。可以把数据库想象成一本字典。如果我们想快速地查找某个字,该怎么办呢?绝不是从第一页挨个儿找,而是通过字典的索引表,快速找到该字所在的页数,然后直接翻到该页。虽然计算机的操作较人工快得多,但当数据库中的数据不断增多时,全表扫描查询就会变得很慢,这时也需要一个"音序表",这就是索引。查询数据时,可以先在索引中找到对应的值,然后根据索引找到对应的数据,从而提高查询效率。

例如,当运行下面的查询语句时:

```
SELECT coursename,teano FROM course
WHERE teano='003';
```

如果我们在 course 表的 teano 列上创建了索引,那么 MySQL 会为 teano 建立一个索引表 index,如图 5.16 所示。查询时就不再需要全表扫描,而是直接在 index 表中检索,扫描到 teano 为 003 时,会提取该索引指向的所有数据,从而实现查询。

index		course表				
teano		coursec	coursename	credit	classhour	teano
001		C001	MySQL数据库技术	4.0	72	003
002		C002	C程序设计	6.0	108	003
003		C003	计算机导论	4.0	72	005
003		C004	毛泽东思想概论	4.0	72	007
003		C005	大学生心理健康	2.0	36	008
005		C006	Java程序设计	6.0	108	002
006		C007	体育	2.0	36	001
007		C008	大学英语	6.0	108	009
008		C009	美术欣赏	2.0	36	006
009		C010	JAVA程序设计	6.0	108	003

图 5.16 索引示意图

2. 索引的类型

(1) 单列索引和组合索引。

- 单列索引是指一个索引只包含单个列,一个表可以有多个单列索引。
- 组合索引是在表的多个字段组合上创建的索引,只有在查询条件中使用了这些字段的左边字段时,索引才会被使用。

(2) 普通索引和唯一索引。

- 普通索引是 MySQL 中的基本索引类型,允许在索引列中插入重复值和空值。
- 唯一索引是指索引列的值必须唯一,但允许为空值。如果是组合索引,则列值的组合必须唯一。主键索引是一种特殊的唯一索引,它不允许有空值。

(3) 全文索引。全文索引是一种特殊类型的索引。在定义该索引的列上支持值的全文查找,允许插入重复值和空值。全文索引可以在 CHAR、VARCHAR 和 TEXT 类型的列上创建。

(4) 空间索引。空间索引是对空间数据类型的字段建立的索引。MySQL 中的空间数据类型有四种,分别是 GEOMETRY、POINT、LINESTRING 和 POLYGON。空间索引只有在存储引擎 MyISAM 的表中创建。

3. 索引的设计原则

合理地设计索引能提高查询性能。合理使用索引有以下原则。

- 索引不是越多越好。
- 索引太多不仅会占用磁盘空间,还会影响插入更新和删除的操作,因为数据在更改时,索引也会随之调整更新。特别是对于经常更新的表更要注意。
- 数据量小的表最好不要使用索引。
- 在不同值少的列上不要建立索引。比如学生表的性别字段,该字段只有两个值(男和女),建立索引不但不会提高查询效率,还会严重影响更新速度。
- 在经常需要排序、分组和联合操作的字段上建立索引。

4. SQL 语句创建索引的方法

可以用 Navicat 创建索引,也可以用 SQL 语句创建索引,用 SQL 语句创建索引又分为以下几种方式。

(1) 在创建表时创建索引。语法格式如下。

```
CREATE TABLE  表名
(字段定义...
  [UNIQUE|FULLTEXT|SPATIAL]INDEX|KEY 索引名(字段名) [(长度)] [ASC|DESC]
)
```

语法说明如下。

- UNIQUE:表示唯一索引。
- FULLTEXT:表示全文索引。
- SPATIAL:表示空间索引。
- INDEX|KEY:表示索引或者关键字,只选其一即可。
- 字段名:表示需要创建在哪些列上。
- 长度:索引创建在字段左边多少个字符上。

- ASC|DESC：分别表示升序排列和降序排列。

（2）在已经存在的表上创建索引。

① 用 ALTER TABLE 语句创建索引。

```
ALTER TABLE 表名
ADD [UNIQUE|FULLTEXT|SPATIAL]INDEX|KEY 索引名(字段名) [(长度)][ASC|DESC]
```

② 用 CREATE INDEX 语句来创建索引。

```
CREATE[UNIQUE|FULLTEXT|SPATIAL] INDEX 索引名
ON 表名(字段名) [(长度)][ASC|DESC]
```

5. 查看删除的索引

（1）查看索引。

① 用创建表语句查看表索引。

```
SHOW CREATE TABLE 表名
```

② 直接查看表中的索引。

```
SHOW INDEX FROM 表名
```

（2）删除索引。

① 使用 ALTER TABLE 语句删除索引。

```
ALTER TABLE 表名
DROP INDEX 索引名
```

② 使用 DROP INDEX 语句删除索引。

```
DROP INDEX 索引名 ON 表名
```

 任务实施

1. 使用 Navicat 在 student 表的 stuname 上创建普通索引

使用 Navicat 在 student 表的 stuname 上创建普通索引，操作步骤如下。

（1）在 Navicat 中连接 MySQL 服务器。打开 xk 数据库，单击 student 表节点，进入设计表界面。

（2）右击"索引"选项卡，选择"添加索引"命令，如图 5.17 所示。依次填入"名""字段""索引类型"和"索引方法"，如图 5.18 所示。

（3）单击"保存"按钮，此时 stuname 列上就添加了一个普通的索引。

2. 用 SQL 语句创建并查看索引

（1）使用 SQL 语句创建 test 表，即 test（no，name，score），并在 no 和 name 列上创建复合型索引。该索引可以在创建表时创建，语句如下。

视频 5.3：用 Navicat 创建和管理索引

视频 5.4：用 SQL 语句创建及应用索引

图 5.17　添加索引

名	字段	索引类型	索引方法
ID	`ID`	UNIQUE	BTREE
fk_s_c	`classno`	NORMAL	BTREE
IX_name	`stuname`	NORMAL	BTREE

图 5.18　设置索引

```
CREATE TABLE test
(no CHAR(10) PRIMARY KEY,
 name CHAR(10) NOT NULL,
score DECIMAL(4,1),
INDEX ix_score_name(no,name));
```

在创建 test 表的语句中,前面的三句是对字段的定义,最后一句是定义索引。索引的名字是 ix_score_name,索引定义在 score 和 name 两列上。

(2) 查看 test 表的索引。可以在查看 test 表的创建语句中查看它的索引。语句如下。

```
SHOW INDEX FROM test;
```

结果如图 5.19 所示。

```
mysql> SHOW CREATE TABLE test;
+-------+----------------------------------------
--------+
| Table | Create Table
       |
+-------+----------------------------------------
--------+
| test  | CREATE TABLE `test` (
  `no` char(10) NOT NULL,
  `name` char(10) NOT NULL,
  `score` decimal(4,1) DEFAULT NULL,
  PRIMARY KEY (`no`),
  KEY `ix_score_name` (`no`,`name`)
) ENGINE=InnoDB DEFAULT CHARSET=utf8mb4 COLLATE=utf8mb4_0900_ai_ci |
+-------+----------------------------------------
--------+
1 row in set (0.01 sec)
```

图 5.19　查看索引

(3) 通过 ALTER TABLE 语句给 student 表的 ID 列上添加唯一性索引。唯一性索引用到 UNIQUE 关键字,语句如下。

```
ALTER TABLE student
ADD UNIQUE INDEX unix_id(id);
```

（4）使用 CREATE INDEX 语句给 student 表的 stuno 列添加全文索引。全文索引用到 FULLTEXT 关键字,语句如下。

```
CREATE FULLTEXT INDEX ix_stuno
  ON student(stuno);
```

（5）查看 student 表中的索引。可以使用 SHOW INDEX FROM 语句查看 student 表的索引。为了看得更加清楚,可以在 Navicat 中运行查询语句:

```
SHOW INDEX FROM student;
```

结果如图 5.20 所示。

Table	Non_unique	Key_name	Seq_in_index	Column_name	Collation	Cardinality	Sub_part	Packed	Null	Index_type	Co
student	0	PRIMARY	1	stuno	A	25	(Null)	(Null)		BTREE	
student	0	ID	1	ID	A	25	(Null)	(Null)		BTREE	
student	1	fk_s_c	1	classno	A	4	(Null)	(Null)		BTREE	
student	1	IX_name	1	stuname	A	25	(Null)	(Null)		BTREE	
student	1	UNIX_ID	1	ID	A	25	(Null)	(Null)		BTREE	
student	1	IX_stuno	1	stuno	(Null)	25	(Null)	(Null)		FULLTEXT	

图 5.20　student 表的索引

3. 删除索引

（1）用 ALTER TABLE 语句删除 test 表中的 ix_score_name 索引。

```
SHOW INDEX FROM student
ALTER TABLE test DROP INDEX ix_score_name;
```

（2）用 DROP INDEX 语句删除 student 表中的索引 UNIX_ID。

```
DROP INDEX UNIX_ID ON student;
```

 巩固提高

（1）总结索引的类型及创建管理方法,将内容填入表 5.2 中。

表 5.2　索引总结

知识点	概念（语法）	举　　例
索引的类型		
创建索引的方法		
查看索引的方法		

（2）用 SQL 语句完成以下任务。

① 在 class 表中的 classname 列上创建唯一性索引。

② 在 sc 表的 stuno 和 couseno 列上创建复合型索引。

③ 在 teacher 表的 teaname 列上创建全文索引。

任务 5.3　优化查询

 任务导学

任务描述

运用 SQL 语句来分析查询语句的执行效果，并通过使用索引来优化查询选课系统数据库。

学习目标

- 能够用 EXPLAIN 语句分析查询语句的执行效果。
- 能够运用创建索引的办法优化查询。

知识准备

1. 优化查询

优化查询是指对于给定的查询选择代价最小的操作序列，使查询过程既省时间，又具有较高的效率。

判断查询性能的指标有三个：一是响应时间；二是查询需要扫描的行数；三是查询返回的行数。

2. 查询语句分析

要编写高效的查询语句，需要了解查询语句执行情况，找出查询语句执行的瓶颈，从而优化查询。常用的有以下两种语句。

（1）EXPLAIN 语句。执行该语句，可以分析 EXPLAIN 后 SELECT 语句的执行情况，并且能够分析出所查询表的一些特征。语法格式如下。

```
EXPLAIN SELECT 语句
```

（2）PROFILE 语句。该语句会记录下每次查询需要的系统资源和精确执行时间。执行该语句的操作步骤如下。

① 开启 profile 功能。

```
SET profiling = 1;
```

② 执行查询语句，例如：

```
SELECT * FROM student;
```

③ 查看语句执行的精确时间。

```
SHOW PROFILES;
```

3. 优化查询的方法

（1）避免查询所有列，只查询需要的字段。

（2）应尽量避免全表扫描，可在 WHERE、ORDER BY 或 ON 涉及的列上建立索引。

（3）尽量不使用 LIKE 操作。如果非使用不可，使％不在匹配字符串的第一位，这样索引才会被正常使用。

（4）复合索引遵循最左前缀原则，只有条件列是索引的左列时才用到这个索引。

（5）尽量使用表连接代替子查询，因为使用 JOIN 时，MySQL 不会在内存中创建临时表。

（6）适当情况下，可把 OR 查询改写成 UNION 查询。

（7）尽量避免在 WHERE 子句中使用"！＝"或者"＜＞"操作符，如果使用，查询引用会放弃索引而进行全表扫描。

（8）设计表选择字段数据类型时，尽量使用 VARCHAR 代替 CHAR，因为 VARCHAR 存储空间小，可以节省存储空间；另外，对于查询来说，在一个相对较小的字段内搜索效率显然要高一些。

（9）使用合理的分页方式以提高分页的效率。

 任务实施

1. 分析查询语句执行情况

分析"SELECT ＊ FROM student WHERE stuname＝'高进'"这条查询语句的执行情况。

（1）用 EXPLAIN 语句分析查询语句执行情况，语句如下。

```
EXPLAIN SELECT ＊ FROM student WHERE stuname='高进';
```

执行结果如图 5.21 所示。

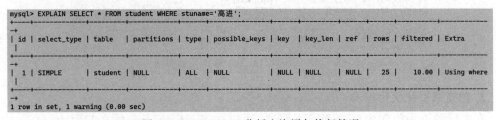

图 5.21　EXPLAIN 分析查询语句执行情况

查询结果说明如下。

- id：用于标识 SELECT 所属的行，这里是第 1 行。
- select_type：表示查询的类型。该查询是一个简单查询，不包括子查询和 UNION 查询。
- table：显示查询访问的表。可以是表的名称或是表的别名，此处是 student。

- type：表示表的关联类型。ALL 表示全表扫描。
- possible_keys：搜索记录时可能使用哪个索引。此处值为 NULL，表示没有相关的索引。
- key：表示查询实际用到的索引。该查询没有用到索引，所以该列的值是 NULL。
- key_len：表示 MySQL 选择的索引字段按字节计算的长度。
- ref：表示使用哪个列或常数与 key 记录的索引一起来查询记录。
- rows：显示 MySQL 在表中进行查询时必须检查的行数。此处一共检索 19 行，也就是 student 表的所有行都检索了。
- filtered：估算表中符合某个条件的记录数的百分比。
- Extra：表示 MySQL 在处理查询时的额外信息。此处显示 Using where 表示 MySQL 服务器将在存储引擎检索行后再进行过滤。

从上述的结果可以看出，该查询没有用到索引，对表进行了全表扫描，所以返回记录的百分比较低。

（2）用 PROFILE 查询执行该语句的精确时间，语句如下。

```
SET PROFILING = 1;                              --开启 profile 功能
SELECT * FROM student WHERE stuname='高进';      --执行查询语句
SHOW PROFILES ;                                 --查看语句执行的精确时间
```

结果如图 5.22 所示。该查询所需时间为 0.00073125。

```
mysql>  SET PROFILING = 1;
Query OK, 0 rows affected, 1 warning (0.00 sec)

mysql> SELECT * FROM student WHERE stuname='高进';
+------------+---------+-----+-----+---------------------+----------+
| stuno      | stuname | sex | age | id                  | classno  |
+------------+---------+-----+-----+---------------------+----------+
| 2021010101 | 高进    | 男  |  20 | 370205200304191523  | 20210101 |
+------------+---------+-----+-----+---------------------+----------+
1 row in set (0.00 sec)

mysql> SHOW PROFILES;
+----------+------------+----------------------------------------------+
| Query_ID | Duration   | Query                                        |
+----------+------------+----------------------------------------------+
|        1 | 0.00023225 | SELECT DATABASE()                            |
|        2 | 0.00017150 | SELECT DATABASE()                            |
|        3 | 0.00013750 | SET PROFILING = 1                            |
|        4 | 0.00073125 | SELECT * FROM student WHERE stuname='???'     |
+----------+------------+----------------------------------------------+
4 rows in set, 1 warning (0.00 sec)
```

图 5.22　PROFILE 显示查询精确时间

2. 创建索引并优化查询

在上面的查询语句中有 WHERE 条件，可以在 WHERE 条件所在的列 stuname 上建立一个索引，使查询只扫描索引列 stuname 对应的条件行就可以了。

（1）首先在 stuname 列上创建索引，语句如下。

```
CREATE INDEX ix_name ON student(stuname);
```

（2）重新用 EXPLAIN 语句查看查询执行情况。结果如图 5.23 所示。可以看出，在条件学生姓名上添加索引后,查询过程中用到了这个索引,查询的行数只有 1 行,返回记录的百分比 filtered 为 100％,大大地减少了数据的检索量,提高了查询的效率,达到了优化查询的目的。

```
mysql> CREATE INDEX ix_name ON student(stuname);
Query OK, 0 rows affected (0.03 sec)
Records: 0  Duplicates: 0  Warnings: 0

mysql> EXPLAIN SELECT * FROM student WHERE stuname='高进';
+----+-------------+---------+------------+------+---------------+---------+---------+-------+------+----------+-------+
| id | select_type | table   | partitions | type | possible_keys | key     | key_len | ref   | rows | filtered | Extra |
+----+-------------+---------+------------+------+---------------+---------+---------+-------+------+----------+-------+
| 1  | SIMPLE      | student | NULL       | ref  | ix_name       | ix_name | 30      | const | 1    | 100.00   | NULL  |
+----+-------------+---------+------------+------+---------------+---------+---------+-------+------+----------+-------+
1 row in set, 1 warning (0.00 sec)
```

图 5.23　查看添加索引后语句执行情况

(3) 查看执行时间。结果如图 5.24 所示。可以看出由于检索量大大减少,所以查询执行时间也减少为 0.00046400。由于表数据比较少,所以效果还不明显。如果数据较多,时间的优化效果将更加明显。

```
mysql> SHOW PROFILES;
+----------+------------+----------------------------------------------+
| Query_ID | Duration   | Query                                        |
+----------+------------+----------------------------------------------+
|        1 | 0.00046400 | SELECT *FROM student WHERE stuname='???'      |
+----------+------------+----------------------------------------------+
1 row in set, 1 warning (0.00 sec)

mysql>
```

图 5.24　查看添加索引后语句的执行时间

3. 合理用 LIKE 关键字优化查询

(1) 在上述建立索引的 student 表中查询姓高的同学,并分析该查询的执行情况。
查询语句需要用到 LIKE 关键字实现条件的模糊查询,所以分析该查询的语句如下。

```
EXPLAIN SELECT * FROM student WHERE stuname LIKE '高%';
```

执行结果如图 5.25 所示。可以看出该查询用到了索引,只扫描了一行数据,优化效果较好。

```
mysql> EXPLAIN  SELECT * FROM student WHERE stuname like'高进';
+----+-------------+---------+------------+-------+---------------+---------+---------+------+------+----------+---------------------+
| id | select_type | table   | partitions | type  | possible_keys | key     | key_len | ref  | rows | filtered | Extra               |
+----+-------------+---------+------------+-------+---------------+---------+---------+------+------+----------+---------------------+
| 1  | SIMPLE      | student | NULL       | range | ix_name       | ix_name | 30      | NULL | 1    | 100.00   | Using index condition |
+----+-------------+---------+------------+-------+---------------+---------+---------+------+------+----------+---------------------+
1 row in set, 1 warning (0.00 sec)
```

图 5.25　％在匹配符之后的 LIKE 查询的执行情况

(2) 在 student 表中,查询最后一个字为"进"的同学,并分析该查询的执行情况。与上述查询类似,查询语句也需要用到 LIKE 关键字实现条件的模糊查询,所以查询语句如下。

```
EXPLAIN SELECT * FROM student WHERE stuname LIKE '%进';
```

执行结果如图 5.26 所示。可以看出该查询没有用到索引,进行了全表扫描,查询没有得到优化。

```
mysql> EXPLAIN SELECT * FROM student WHERE stuname LIKE '%进';
+----+-------------+---------+------------+------+---------------+------+---------+------+------+----------+-------------+
| id | select_type | table   | partitions | type | possible_keys | key  | key_len | ref  | rows | filtered | Extra       |
+----+-------------+---------+------------+------+---------------+------+---------+------+------+----------+-------------+
|  1 | SIMPLE      | student | NULL       | ALL  | NULL          | NULL | NULL    | NULL |   25 |    11.11 | Using where |
+----+-------------+---------+------------+------+---------------+------+---------+------+------+----------+-------------+
```

图 5.26   %在匹配符之前的 LIKE 查询的执行情况

由此可以看出,使用%进行模糊查询时,%不在匹配字符串的第一位时,索引才会被正常使用,达到优化查询的目的。

4. 合理使用复合索引优化查询

(1) 在 sc 表的 stuno 和 score 两列上创建一个复合索引 ix_sc(stuno,score),分析查询语句"SELECT stuno,score FROM sc WHERE score>80"的执行情况。

创建复合索引的语句如下。

```
CREATE INDEX ix_sc ON sc(stuno,score);
```

查看执行查询语句的情况,如图 5.27 所示。可以看出该查询虽然利用了索引,但是扫描行数为 30 行,说明依然进行了全表扫描。

```
mysql> CREATE INDEX ix_sc ON sc(stuno,score);
Query OK, 0 rows affected (0.04 sec)
Records: 0  Duplicates: 0  Warnings: 0

mysql>  EXPLAIN SELECT stuno,score FROM sc WHERE score>80;
+----+-------------+-------+------------+-------+---------------+-------+---------+------+------+----------+--------------------------+
| id | select_type | table | partitions | type  | possible_keys | key   | key_len | ref  | rows | filtered | Extra                    |
+----+-------------+-------+------------+-------+---------------+-------+---------+------+------+----------+--------------------------+
|  1 | SIMPLE      | sc    | NULL       | index | ix_sc         | ix_sc | 34      | NULL |   28 |    33.33 | Using where; Using index |
+----+-------------+-------+------------+-------+---------------+-------+---------+------+------+----------+--------------------------+
1 row in set, 1 warning (0.00 sec)
```

图 5.27   条件列在右侧时复合索引的应用

(2) 删除原来的索引,重新创建一个复合索引 ix_sc(score,stuno),使条件列 score 位于复合索引的左侧,删除与重新创建复合索引的语句如下。

```
DROP INDEX ix_SC ON sc;
CREATE INDEX ix_sc ON sc(score,stuno);
```

分析查询语句执行情况,结果如图 5.28 所示。可以看出,查询利用了索引,并且扫描行数明显减少,返回记录百分比到了 100%。

以上说明复合索引遵循最左前缀原则,只有条件列在复合索引的左列时,查询才能用到这个索引,达到优化查询的目的。

```
mysql> DROP INDEX ix_SC ON sc;
Query OK, 0 rows affected (0.01 sec)
Records: 0  Duplicates: 0  Warnings: 0

mysql> CREATE INDEX ix_sc ON sc(score,stuno);
Query OK, 0 rows affected (0.01 sec)
Records: 0  Duplicates: 0  Warnings: 0

mysql> EXPLAIN SELECT stuno,score FROM sc WHERE score>80;
+----+-------------+-------+------------+-------+---------------+-------+---------+------+------+----------+--------------------------+
| id | select_type | table | partitions | type  | possible_keys | key   | key_len | ref  | rows | filtered | Extra                    |
+----+-------------+-------+------------+-------+---------------+-------+---------+------+------+----------+--------------------------+
|  1 | SIMPLE      | sc    | NULL       | range | ix_sc         | ix_sc | 4       | NULL |   13 |   100.00 | Using where; Using index |
+----+-------------+-------+------------+-------+---------------+-------+---------+------+------+----------+--------------------------+
1 row in set, 1 warning (0.00 sec)
```

图 5.28   条件列在左侧时复合索引的应用

巩固提高

（1）总结优化查询的几种常见方法。

（2）查询 teacher 表中年龄（age）大于 40 岁老师的编号、姓名以及年龄，并用 EXPLAIN 和 PROFILE 查看查询执行情况和执行时间。

（3）尝试给 teacher 表创建索引，优化上述查询，并对照索引创建前后查询的执行情况。

项目小结

本项目以优化选课系统的查询为最终目的，引入了索引和视图这两种数据库对象。通过本项目，读者可以了解索引的概念和作用，能够通过查询分析创建合适的索引以优化查询，并能够熟练创建视图，通过视图管理数据。

同步实训 5　优化查询学生党员管理数据库

1. 实训描述

在之前的同步实训中我们已经建好了学生党员数据库，并插入了数据。本实训将通过创建视图和索引的形式优化查询学生党员数据库。

2. 实训要求

（1）创建名为 V_student 的视图，显示学号前 6 位为 20210101 的学生情况。

（2）通过该视图更新数据，将这些学生的党总支编号改为 B03。

（3）通过该视图统计学生中参加党课的学生人数。

（4）通过该视图插入 3 名学生信息。

（5）在学生信息表的姓名列上创建普通索引。

（6）查询入党联系人表（recommender）中入党时间大于 2005 年的信息，并分析该查询语句的执行情况，然后创建合适的索引优化该查询。

学习成果达成测评

项目名称	优化查询选课系统数据库		学时	6	学分	0.2
安全系数	1 级	职业能力	数据优化查询能力		框架等级	6 级

续表

序号	评价内容	评价标准	分数
1	数据库三级模式及两级映射	理解数据库三级模式和两级映射的概念	
2	视图简介	视图的概念和作用	
3	创建管理视图	视图的创建、修改和删除	
4	通过视图操作数据	通过视图插入、更新和删除数据	
5	索引简介	索引的概念和分类	
6	索引的设计方法	索引的设计原则及创建方法	
7	索引的管理	查看、删除索引	
8	了解优化查询	影响优化查询的因素,以及判断优化查询的指标	
9	分析查询语句情况	EXPLAIN 和 PROFILE 的用法	
10	优化查询的方法	合理创建索引、查询语句的书写技巧	
	项目整体分数(每项评价内容分值为 1 分)		
考核评价	指导教师评语		

项目自测

一、知识自测

1. 下列关于 SQL 索引的叙述中,不正确的是(   )。

A. 索引是外模式

B. 一个基本表上可以创建多个索引

C. 索引可以加快查询的执行速度

D. 系统在存取数据时会自动选择合适的索引作为存取路径

2. 以下选项中不能用于创建索引的是(   )。

A. 使用 CREATE INDEX 语句　　　B. 使用 ALTER INDEX 语句

C. 使用 CREATE TABLE 语句　　　D. 使用 ALTER TABLE 语句

3. 为了使索引键的值在基本表中唯一,在创建索引的语句中应使用保留字(   )。

A. UNIQUE　　B. COUNT　　C. DISTINCT　　D. UNION

4. 在下列选项中不适合创建索引的是(   )。

A. 不同值且值小的列　　　　B. 用作查询条件的列

C. 频繁搜索的列　　　　　　D. 经常用于分组的列

5. CREATE FULLTEXT INDEX IX_writer ON author(name)语句创建了一个(   )索引。

A. 唯一　　　　　B. 全文　　　　　C. 普通　　　　　D. 空间

6. 在关系数据库中,视图(View)是三级模式结构中的(　　)。

　　A. 内模式　　　　B. 模式　　　　C. 存储模式　　　D. 外模式

7. 在关系数据库中,为了简化用户的查询操作,而且不增加数据的存储空间,应该创建的数据库对象是(　　)。

　　A. table(表)　　B. index(索引)　　C. cursor(游标)　　D. view(视图)

8. 以下关于视图的说法中错误的是(　　)。

　　A. 更改视图数据成功后,源表中的数据也会跟着被修改

　　B. 视图的主要作用是用来修改数据

　　C. 视图是一张虚拟的表

　　D. 视图的基表不止一个时,不允许通过该视图更新数据

9. 在视图上不能完成的操作是(　　)。

　　A. 更新视图数据　　　　　　　　B. 在视图上定义新的视图

　　C. 在视图上定义新的表　　　　　D. 查询

10. 下列选项中创建视图的目的是(　　)。

　　A. 增加数据的安全性　　　　　　B. 为了随心所欲地使用数据

　　C. 使操作简单　　　　　　　　　D. 提高查询效率

二、技能自测

1. 用 SQL 语句创建部门表和员工表,并插入数据,如表 5.3 和表 5.4 所示。创建时要求如下。

(1) 分析表的数据特征并给表添加主键和外建

(2) 在部门表的部门名称上创建唯一索引

(3) 在员工表的员工姓名上创建普通索引

表 5.3　部门表数据

部 门 编 号	部 门 名 称
1	研发部
2	销售部
3	人力资源部

表 5.4　员工表数据

员工编号	员工姓名	性别	出生日期	联系电话	部门编号
001	张三	男	1990-3-12	05328335568	1
002	王强	男	1990-7-2	13969688556	2
003	陈默	女	2000-9-6	16895874331	3
004	李飞飞	男	2001-4-5	NULL	3

2. 以员工表和部门表为基表,创建视图名为"v_研发人员",显示研发部人员信息。

3. 通过视图"v_研发人员"插入一名研发人员信息。

学习成果实施报告

请填写下表,简要总结在本项目学习过程中完成的各项任务,描述各任务实施过程中遇到的重点、难点以及解决方法,并谈谈自己在项目中的收获与心得。

题目				
班级		姓名		学号
任务学习总结(建议画思维导图):				
重点、难点及解决方法:				
举例说明在知识技能方面的收获:				
举例谈谈在职业素养等方面的思考和提高:				
考核评价(按 10 分制)				
教师评语:			态度分数	
			工作分数	

项目6 编程处理选课系统数据库数据

项目目标

知识目标:	能力目标:	素质目标:
(1) 能够描述 SQL 语言的概念和分类。	(1) 能够应用函数进行一些复杂的查询。	(1) 通过函数的应用,使学生学会触类旁通地进行类比学习的能力。
(2) 能够分辨 MySQL 中变量的概念。	(2) 能够用流程控制语句进行一些复杂的查询。	(2) 在存储过程、触发器的学习中,进一步培养学生软件设计的安全意识和服务意识。
(3) 能够说明 MySQL 中函数的用法。	(3) 能够用 SQL 语句创建、修改、查看和执行存储过程。	(3) 在事务的学习中,使学生认识到协同作业的重要性。
(4) 能够分辨存储过程的概念和作用。	(4) 能够用 SQL 语句创建和管理触发器。	
(5) 能够分辨触发器的概念和作用。	(5) 能够用 SQL 语句定义事务。	
(6) 能够说明事务的概念和作用。	(6) 能够应用事件。	

项目情境

遵循数据库开发六步骤,项目 2 和项目 3 完成了选课系统数据库的设计与实施。从项目 4 开始,进入了数据库的应用开发阶段,首先学习了如何查询数据,然后通过项目 5,学习了如何使用索引和视图优化查询。

在数据库的应用中,只会查询还远远不够。信息时代对数据处理的要求不断增多。数据处理不管是在 C/S 模式还是 B/S 模式下,都占有越来越大的比重。在选课系统开发过程中,为了有效地提高数据访问效率和数据安全性,需要数据库为系统提供数据支持和数据处理,这就需要数据库有一定的编程能力。

本项目主要学习如何运用数据库编程方式来处理数据。MySQL 提供了丰富的内置函数,也允许自定义函数,同时还可以创建存储过程、触发器、事务和事件等数据库对象来实现一些复杂的数据处理。本项目中我们将依次学习这些方法来处理一些较复杂的数据管理与操作。

本项目在数据库开发中的位置如图 6.1 所示。

学习建议

* 学习局部变量以及流程控制语句需放到具体的存储过程中,任务 6.1 中只侧重全局变量、用户变量和部分流程控制函数即可。

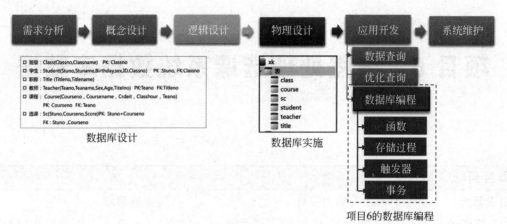

图 6.1　本项目在数据库开发中的位置

- "任务导学"中列出的各种内置函数只需大体了解,重点结合"任务实施"的案例学习如何有效使用函数解决实际问题。
- 本项目需要较灵活的编程思路,这需要大量的练习。读者可以首先参照教学案例操作,然后借助总结提升中的实训题进行模仿训练。项目结束再进行同步实训部分和自测部分。

 思政窗口

迎难而上,深入钻研,完成数据库学习质的飞跃。

文档 6.1:完成数据库
学习质的飞跃

任务 6.1　数据库编程基础

 任务导学

任务描述

运用 MySQL 中的变量和流程控制语句在选课系统中完成一些较为复杂的查询。

学习目标

- 能够说出 SQL 语言的概念和分类。
- 能够描述 MySQL 中变量的概念。
- 能够用流程控制语句进行一些复杂的查询。

知识准备

1. SQL 语言概述

SQL 语言(structured query language,结构化查询语言)是由美国国家标准协会和国际标准化组织定义的标准。该标准自 1986 年以来不断演化发展。有数种版本。SQL 语言根据功能的不同,被划分成数据定义语言、数据操纵语言和数据控制语言。

(1) 数据定义语言。数据定义语言(data definition language,DDL)是用于创建数据库和数据库对象的语言,主要包括 CREATE、ALTER、DROP。

（2）数据操纵语言。数据操纵语言（data manipulation language,DML）主要用于操纵数据库中的数据,包括 INSERT、SELECT、UPDATE 和 DELETE 等。

（3）数据控制语言。数据控制语言（data control language,DCL）主要实现对象的访问权限及对数据库操作事务的控制,主要语句包括 GRANT、REVOKE、COMMIT 和 ROLLBACK。

2. 变量

变量指程序运行过程中会变化的量。在 MySQL 中有以下三种变量。

（1）系统变量。系统变量又分为全局变量和会话变量。全局变量在 MySQL 启动时由服务器自动将它们初始化为默认值。会话变量在每次建立一个新的连接时,由 MySQL 初始化。对全局变量的修改会影响整个服务器。但是对于会话变量的修改只会影响到当前的会话,也就是当前的数据库连接。

系统变量用两个@@作为前缀。设置系统变量用 SET 或 SELECT,查看系统变量可用 SHOW VARIABLES。

（2）用户变量。用户变量即用户定义的变量。用户变量既可以被赋值,也可以在后面的其他语句中引用其值。这种变量用一个@字符作为前缀。用户变量使用 SET 命令和 SELECT 命令声明并给其赋值。

（3）局部变量。局部变量一般用在 SQL 语句块中（如存储过程的 BEGIN 和 END 中）。语句块执行完毕,局部变量就消失了。

局部变量一般用 DECLARE 来声明,可用 DEFAULT 来设置默认值。例如:

```
DECLARE x int DEFAULT 0;
```

3. 查询中常用的选择控制方式

（1）IF 函数。

- 语法:

```
IF(条件表达式,结果 1,结果 2)
```

- 功能:当条件表达式的值为 TRUE,则返回结果为 1,否则返回结果为 2。

（2）IFNULL 函数。

- 语法:

```
IFNULL(字段,结果);
```

- 功能:若字段的值不为空,则返回字段值,否则返回结果。

（3）CASE 语句。

- 语法:

```
CASE
WHEN 条件表达式 1 THEN
```

```
语句 1
[WHEN 条件表达式 2 THEN
语句 2]
...
[ELSE 语句 n]
END
```

- 功能：该语句用于搜索条件表达式以确定相应的操作。

 任务实施

视频 6.1：编程基础

1. 系统变量的查看和设置

（1）查看全局变量中关于事件(event)的变量。语句如下。

```
SHOW GLOBAL VARIABLES LIKE '%event%';
```

结果如图 6.2 所示。

（2）开启事件调度器。语句如下。

```
SET @@global.event_scheduler=1;
```

重新查看事件调度器会发现已经打开，如图 6.3 所示。

Variable_name	Value
binlog_row_event_max_size	8192
binlog_rows_query_log_events	OFF
event_scheduler	OFF
log_bin_use_v1_row_events	OFF
performance_schema_events_stages_	10000
performance_schema_events_stages_	10
performance_schema_events_stateme	10000
performance_schema_events_stateme	10
performance_schema_events_transac	10000
performance_schema_events_transac	10
performance_schema_events_waits_h	10000
performance_schema_events_waits_h	10

图 6.2　查看 event 相关系统变量

Variable_name	Value
binlog_row_event_max_size	8192
binlog_rows_query_log_events	OFF
event_scheduler	ON
log_bin_use_v1_row_events	OFF
performance_schema_events_stages_	10000
performance_schema_events_stages_	10
performance_schema_events_stateme	10000
performance_schema_events_stateme	10
performance_schema_events_transac	10000
performance_schema_events_transac	10
performance_schema_events_waits_h	10000
performance_schema_events_waits_h	10

图 6.3　事件调度器状态

2. 用户变量的定义和使用

（1）查询年龄等于@age 变量的学生信息。

分析：查询中可以首先声明变量@age 并赋值，然后以@age 变量作为条件来查询学生信息。语句如下。

```
SET @age=19;                              --定义用户变量并赋值
SELECT * FROM student WHERE age=@age;      --查询等于该变量的学生信息
```

可以看出用户变量作条件的好处是：我们想改变条件值时，不需要修改查询语句，只需要修改一下用户变量@age 的值就可以了。

（2）查询学号为 2021010101 的同学姓名，并赋给用户变量@name。

分析：本题可以先查询学号对应的学生姓名，然后将该姓名赋给用户变量@name。将查询结果赋给变量可以用 SELECT...INTO 语句实现。SQL 语句如下。

```
SELECT stuname INTO @name FROM student WHERE stuno ='2021010101' ;
--查询学号对应的学生姓名并赋给用户变量@name
SELECT @name;                        --显示用户变量的值
```

3. 选择控制在查询中的应用

（1）查询学生姓名对应的课程成绩。如果成绩大于或等于 60 分，则显示真实成绩，否则显示不及格。

视频 6.2：选择控制
在查询中的应用

分析：要求显示学生姓名、课程名称和课程成绩。但是第三列课程成绩的显示因分数不同而不同，所以，在显示第三列时，可用 IF 函数进行判断，语句如下。

```
IF(sc.score>=60,score,'不及格')
```

整个 SQL 语句如下。

```
SELECT student.stuname, course.coursename, IF(sc.score>=60,score,'不及格') AS
成绩
FROM student JOIN sc ON student.stuno=sc.stuno
JOIN course ON course.courseno=sc.courseno;
```

在这段代码中，SELECT 后是要显示的列，前两列是学生的姓名和课程的名称，分别在 student 表和 course 表中；第三列的成绩是我们需要根据分数来计算得到的列，在该列的描述中，首先用 IF 函数得到要显示的结果，然后用 AS 取此列名为成绩。

注意：整个 IF 语句表述的只是 SELECT 列表中的一列，所以前面需要有逗号与前一列隔开。

查询结果如图 6.4 所示。可以看出，及格的同学显示了实际的成绩，而不及格的同学只显示不及格。

（2）查询学生表。如果学生年龄列为空则显示待填，否则显示真实年龄。

分析：年龄列的显示需要判断是否为空，所以用到 IFNULL 函数。SQL 语句如下。

```
SELECT stuname AS 姓名,IFNULL(age,'待填') AS 年龄
FROM student;
```

其中，SELECT 列表中第一列学生姓名正常显示，显示年龄时，用 IFNULL 语句进行选择，如果年龄为空则显示"待填"，不为空就正常显示年龄。

注意：IFNULL 语句的结果也是 SELECT 列表中的一列，前面也要有逗号与前一列隔开。

stuname	coursename	成绩
高进	MySQL数据库技术	85.0
陈克强	MySQL数据库技术	76.0
丁一民	MySQL数据库技术	不及格
张浩东	MySQL数据库技术	98.0
陈含	MySQL数据库技术	78.0
赵菲菲	MySQL数据库技术	96.0
吕锦绣	MySQL数据库技术	66.0
刘美美	C程序设计	63.0
姚梅	C程序设计	61.0
吕默	C程序设计	76.0
钱思源	C程序设计	98.0
于民	计算机导论	76.0
刘美美	毛泽东思想概论	83.0
姚梅	毛泽东思想概论	71.0
季鸿	大学生心理健康	不及格
刘美美	Java程序设计	86.0
张秋菊	Java程序设计	97.0
刘丽丽	Java程序设计	88.0
赵晓飞	Java程序设计	85.0
张璐	体育	不及格

图 6.4　不及格成绩的标注显示

查询结果如图 6.5 所示。可以看出,之前没有填年龄的记录,现在年龄列显示了"待填",达到了题目的要求。

(3) 查询学生选课的成绩,并显示成绩对应的等级列。成绩与等级的对应如下。

姓名	年龄
刘美美	21
陈含	20
张璐	待填
季鸿	待填
钱思源	20
路新源	待填
周晓松	20
胡洋	20
张浩东	20
吕锦绣	22
陈克强	21

成绩: 等级:

成绩≥90   优秀

80≤成绩<90   良好

70≤成绩<80   中等

60≤成绩<70   及格

成绩<60   不及格

图 6.5 年龄未填标注显示

分析:根据要求需要显示 4 列,分别是学生姓名、课程名称、成绩以及等级。其中,等级列的计算是一个多分支结构,可以使用 CASE 语句实现。另外显示的列分别在不同的表中,所以需要多表内连接。SQL 语句如下。

```
SELECT student.stuname,course.coursename,sc.score,
CASE
WHEN score>=90 THEN'优秀'
WHEN score>=80 AND score<90  THEN'良好'
WHEN score>=70 AND score<80  THEN'中等'
WHEN score>=60 AND sc.score<70  THEN'及格'
ELSE '不及格'
END AS grade
FROM student JOIN sc ON student.stuno=sc.stuno
JOIN course ON course.courseno=sc.courseno;
```

其中,SELECT 列表中的前三列是正常显示的列,后面的等级列需要用 CASE 语句得到。在具体的 CASE 语句的写法中,CASE 表示开始搜索,WHEN 后面写每一个分支的条件,THEN 后面写对应要显示的结果。最后 ELSE 表示前面所有的条件都不满足,也就是 score 小于 60 分时显示的结果。

注意:CASE 语句最后一定要写 END,表示 CASE 语句结束。同时,CASE 语句只是 SELECT 列表中的一列,所以它前面需要写逗号,与之前的列隔开。

查询结果如图 6.6 所示。

stuname	coursename	score	grade
高进	MySQL数据库技术	85.0	良好
陈克强	MySQL数据库技术	76.0	中等
丁一民	MySQL数据库技术	53.0	不及格
张浩东	MySQL数据库技术	98.0	优秀
陈含	MySQL数据库技术	78.0	中等
赵菲菲	MySQL数据库技术	96.0	优秀
吕锦绣	MySQL数据库技术	66.0	及格
刘美美	C程序设计	63.0	及格
姚梅	C程序设计	61.0	及格
吕默	C程序设计	76.0	中等
钱思源	C程序设计	98.0	优秀

图 6.6 标注成绩等级

巩固提高

(1) 总结几种变量和选择函数的用法,将内容填入表 6.1 中。

表 6.1　变量与选择函数用法总结

知识点	概念(语法)	举　例
变量的分类与定义		
IF 函数的用法		
IFNULL 函数的用法		
CASE 语句的用法		

(2) 查询所有教师的授课情况。没有授课任务的教师,在课程栏显示"无授课任务"。

(3) 查询高进同学的年龄并赋给用户变量@age,查询全班平均年龄赋给用户变量@ avage。用 CASE 语句选择输出结果,如果@age 大于@avage,则输出年龄偏大;如果@age 小于@avage,则输出年龄偏小;如果@age 等于@avage,则输出年龄相符。

任务 6.2　函数

 任务导学

任务描述

运用 MySQL 的内置函数以及自定义函数来完成一些较为复杂的查询。

学习目标

• 能够说出常用内置函数的用法。

• 能够自定义函数,并调用函数。

知识准备

1. 内置函数

MySQL 数据库为用户提供了大量内置函数。这些内置函数可以帮助用户更加方便地 处理表中的数据。内置函数主要有以下几类。

(1) 字符串函数。字符串函数主要用于处理字符串。字符串函数主要包括字符串长 度、截取部分字符串和大小字母转换等函数,如表 6.2 所示。

表 6.2 字符串函数

函　　数	说　　明
LOWER(str)	将输入的字符串全部转换为小写
UPPER(str)	将输入的字符串全部转换为大写
CONCAT(str1,str2)	将字符串 str1 和 str2 首尾连接后返回
SUBSTR(str,m[,n])	获取字符串中指定的子串,该子串从 m 位置开始获取,取 n 个字符。如果 n 被忽略,则取到字符串结尾处
LENGTH(str)	返回字符串的长度
INSTR(str,substr)	从字符串 str 中返回子串 substr 第一次出现的位置
LPAD(str1,n,str2)	在字符串 str1 的左边使用字符串 str2 进行填充,直到总长度达到 n 为止
RPAD(str1,n,str2)	在字符串 str1 的右边使用字符串 str2 进行填充,直到总长度达到 n 为止
REPLACE(str,old_str,new_str)	在字符串 str 中查找所有的子串 old_str 并使用 new_str 替换,然后返回替换后的结果
REPEAT(str,count)	将字符串 str 重复 count 次,并返回重复后的结果
REVERSE(str)	将字符串 str 反转,返回反转后的结果

(2)数值函数。数值函数主要用于数值的处理,主要包括求绝对值,求随机数等函数。函数说明如表 6.3 所示。

表 6.3 数值函数

函　　数	说　　明
ABS(num)	返回 num 的绝对值
CEIL(num)	返回大于 num 的最小整数值
FLOOR(num)	返回小于 num 的最大整数值
MOD(num1,num2)	返回 num1 对 num2 进行模运算结果
RAND()	返回 0~1 内的随机值
ROUND(num,n)	返回 num 的四舍五入的 n 位小数的值
TRUNCATE(num,n)	返回数字 num 截断为 n 位小数的结果
SQRT(num)	返回 num 的平方根

(3)日期与时间函数。日期与时间函数主要用于处理日期和时间数据,包括获取当前的日期函数、获取当前时间函数、返回日期之差等,如表 6.4 所示。

表 6.4 日期与时间函数

函　　数	说　　明
NOW()	返回当前日期与时间
CURDATE()	返回当前日期
CURTIME()	返回当前时间
WEEK(date)	返回 date 日期是一年中的第几周
YEAR(date)、MONTH(date)、DAY(date)	返回 date 日期中的年份、月份、日

函　　数	说　　明
DATEDIFF(date1，date12)	返回两个日期间隔的天数为 date1 至 date2
DATEADD(day，n，date)	返回 date 日期添加 n 天后的新日期

（4）转换函数。转换函数主要用于对指定的数据进行数据类型的转换,如表 6.5 所示。也可以对日期格式进行转换,日期格式的表示如表 6.6 所示。

表 6.5　转换函数

函　　数	说　　明
DATE_FORMAT(date,format)	将日期时间转换为不同的格式
STR_TO_DATE(date,farmat)	字符串类型转换为日期类型
CAST(value as type)	数据类型转换
CONVERT(value,type)	数据类型转换

表 6.6　日期与时间格式

格式	描　　述	格式	描　　述
%a	缩写星期名	%W	星期名
%b	缩写月名	%P	AM 或 PM
%c	月(01 至 12)	%m	月(01 至 12)
%D	带英文缩写的月中某天	%d	日(00 至 31)
%M	英文月名	%f	微秒
%T	时间,24 小时制(hh:mm:ss)	%S	秒
%H	小时(00 至 23)	%k	小时(0 至 23)
%h	小时(01 至 12)	%I	小时(1 至 12)
%i	分钟,为数值(00 至 59)	%Y	4 位数的年份
%j	年中某天(001 至 366)	%y	2 位数的年份

（5）加密函数。加密函数主要用于对存储的数据进行加密。相对于明文存储,加密后的字符串不会被管理员直接看到,以保证数据的安全性。实际应用中对于敏感数据的存储都要进行加密处理。主要函数如表 6.7 所示。

表 6.7　加密函数

函　　数	说　　明
MD5(str)	使用 MD5 算法对 str 计算,返回 32 位的散列字符串
AES_ENCRYPT(str,key)	使用密钥 key 对 str 进行加密,返回 128 位的二进制串
AES_DECRYPT(str,key)	使用密钥 key 对加密文本 str 进行解密

（6）JSON 函数。利用 JSON 函数可以在数据库中方便地处理 JSON 数据,主要函数如表 6.8 所示。

表 6.8 JSON 函数

函 数	说 明
JSON_ARRAY([val[,val]…])	生成一个包括指定元素的 JSON 数组
JSON_OBJECT ([key,val [,key,val]…])	生成一个包括指定 key-value 键值对的 JSON 对象
JSON_KEYS(json_doc[, path])	获取 JSON 文档指定 path 下的所有键
JSON_VALUE(json_doc, path)	获取 JSON 文档指定 path 下的所有键值
JSON_CONTAINS(json_doc,val[, path])	若 JSON 文档在 path 中包含指定数据,则返回 1
JSON_EXTRACt(json_doc,one_or_all,str,[path])	从 JSON 文档中抽取指定 path 的值,也可以使用"->运算符"
JSON_SEARCH(json_doc,one_or_all,str,[path])	返回符合查询条件的 str 对应的 JSON 路径所组成的数组
JSON_ARRAYAGG(expr)	将结果集 expr 聚合成单个 JSON 数组
JSON_OBJECTAGG (k,v)	将结果集的分键值对聚合成单个 JSON 对象
JSON_TABLE(json_doc,path COLUMNS (列定义列表)[AS] 列别名)	用于解析 JSON 文档,按指定的 path 并按列定义列表,将 JSON 对象转换成关系表

2. 用户自定义函数

根据业务需要,用户也可以在数据库中自定义函数来完成特定的功能。自定义函数可以避免重复编写相同的 SQL 语句,减少客户端和服务器的数据传输。

(1) 创建自定义函数

语法格式如下。

```
CREATE FUNCTION 函数名 (参数列表)
RETURNS 数据类型
{ DETERMINISTIC | NO SQL | READS SQL DATA }
函数体;
```

语法说明如下。

- 函数名:函数的名称。不能与数据库中其他对象名相同。
- 参数列表:存储函数的输入参数,每个参数由参数名称和参数类型组成。
- RETURNS 数据类型:指定函数返回值的数据类型。
- 函数体:函数的主体,可以是单个 SELECT 语句。若包含多条语句时,必须使用 BEGIN...END 来标识 SQL 代码的开始和结束。函数体中必须包含 RETURN 关键字将结果返回给调用者,且返回的结果值必须为标量值。
- DETERMINISTIC | NO SQL | READS SQL DATA:函数特征值,至少选择三者之一。DETERMINISTIC 用于指明函数的确定性,当设置为确定性函数时,表示每次执行函数时,相同的输入会得到相同的输出,且不会修改数据;NO SQL 表示函数体中不包含 SQL 语句;READS SQL DATA 说明函数体中只包含读语句。若不设置任何特征,就需要设置系统全局变量@@GLOBAL.log_bin_trust_function_creators 的值为 ON。

(2) 调用自定义函数。用户自定义函数创建后,调用函数与调用内置函数方法一样。

语法格式如下。

```
SELECT 函数名(参数列表);
```

(3) 删除自定义函数。语法格式如下。

```
DROP FUNCTION 函数名;
```

 任务实施

视频 6.3：内置
函数的使用

1. 内置函数的使用

(1) 在学生表中查询学生姓名以及对应的后两位学号。

分析：学生表中的学号是有 10 位数字组成，现在要求显示最后两位，那么就需要截取字符串。MySQL 中常用来截取后面字符串的函数是 SUBSTRING()函数和 RIGHT()函数。

SUBSTRING()函数可以随意截取字符串的某段字符,而 RIGHT()函数可以从字符串后截取字符。根据函数的定义,用 SUBSTRING()函数截取学号字段,可以这样写：SUBSTRING(stuno,9,2)。

在这里,SUBSTRING()函数需要设置三个参数：第一个参数是指定要截取的字符串,这里是 stuno,即学生完整学号;第二个参数是指定从第几个字符开始截取,此处是从第 9 个字符开始截取,所以设置为 9;第三个参数是指定截取几个字符,这里要截取两个字符,所以是 2。

也可以用 RIGHT()函数截取后面的字符,代码可以这样写：RIGHT(stuno,2)。

RIGHT()函数需要设置两个参数：第一个参数是要截取的字符串,这里也是 stuno;第二个参数是截取后面的几个字符,这里是后两个字符,所以是 2。

根据分析,完整的代码如下。

```
SELECT stuname as 姓名,
SUBSTRING(stuno,9,2) AS 学号后两位    --或者为"RIGHT(stuno,2) AS 学号后两位"
FROM student;
```

执行结果如图 6.7 所示。

(2) 查询姓名是两个字的学生名单。

分析：这里我们需要判断学生姓名这个字符串的长度,判断字符串长度可以用 LENGTH()函数,也可以用 CHAR_LENGTH()函数。两者的区别是：LENGTH()函数返回的是字符串的字节数,CHAR_LENGTH()函数返回的是字符串的字符个数。那么字节数和字符个数之间有什么关系呢？这与我们选择的字符集有关。在 utf8mb4 字符集中,一个汉字占 3 个字节,所以用 LENGTH()函数判断,当表示姓名是两个字时,返回字节数为 6;而用 CHAR_LENGTH()函数判断时,返回的字符数是 2。

姓名	学号后两位
高进	01
刘美美	02
陈克强	03
丁一民	04
姚梅	05
张浩东	06
于民	01
张璐	02
陈飞	03

图 6.7　查询学生学号
后两位 jieguo

所以用 LENGTH()函数的语句如下。

```
SELECT * FROM student
WHERE LENGTH(stuname)=6;
```

而用 CHAR_LENGTH()函数的语句如下。

```
SELECT * FROM student
WHERE CHAR_LENGTH(stuname)=2;
```

这两种写法执行结果是一样的,如图 6.8 所示。

(3) 创建视图 v_student1,在显示 student 表所有列之外还多显示了一列名为 birthday,该列由学生的 ID 求得。

分析:身份证号的第 7~14 位,显示公民的出生年、月、日。此处可以用 SUBSTING()函数截取此段字符串。可写作:SUBSTRING(ID,7,8)。然后只需将此字符串转换为日期格式即可。

视频 6.4:函数的应用

字符串到日期格式的转换可用 STR_TO_DATE()函数,可写作:STR_TO_DATE(SUBSTRING(id,7,8),'%Y%m%d')。此处,后面的参数"%Y%m%d"分别表示年、月、日的格式:其中四位年份的格式是"%Y",两位月份是"%m",两位日期是"%d"。所以最终创建该视图的 SQL 语句如下。

```
CREATE VIEW v_student1
AS
SELECT student.* ,STR_TO_DATE(SUBSTRING(id,7,8),'%Y%m%d') AS birthday
FROM student;
```

用 SELECT * FROM v_student1 查询该视图的结果如图 6.9 所示。

stuno	stuname	sex	id	classno
2021010101	高进	男	3702(	20210101
2021010105	姚梅	女	3702(	20210101
2021010201	于民	男	3702(	20210201
2021010202	张璐	女	3701(	20210102
2021010203	陈飞	男	3702(	20210102
2021010204	辛琪	女	3702(	20210102
2021010207	季鸿	女	3701(	20210102
2021020102	陈含	女	3701(	20210201
2021020104	吕默	男	3702(	20210201
2021020201	胡洋	男	3701(	20210202

图 6.8　查询名字是两个字的同学的结果

stuno	stunam	sex	id	classno	birthday
2021010101	高进	男	3702(	2021010	2003-04-19
2021010102	刘美美	女	3701(	2021010	2001-06-02
2021010103	陈克强	男	3702(	2021010	2001-07-26
2021010104	丁一民	男	3702(	2021010	2001-08-05
2021010105	姚梅	女	3702(	2021010	2002-10-12
2021010106	张浩东	男	3701(	2021010	2002-11-21

图 6.9　视图 v_student1

(4) 在 v_student1 中查询这个月过生日的学生名单。

分析:这个月过生日指的是学生的出生月份和系统时间月份相等。取日期中的月份可用 MONTH()函数,当前的日期时间可以用 NOW()函数获得,所以 SQL 语句如下。

```
SELECT * FROM v_student1
WHERE MONTH(birthday)=MONTH(NOW());
```

（5）在 v_student1 视图中，通过 birthday 列计算当前学生的年龄，显示到 age 列中。

分析：学生的年龄可用当前的日期减去出生日期得到。两个日期之差用日期函数 DATEDIFF()实现。但是 DATEDIFF()函数的返回值为天数，要得到年龄，还需要再除以 365 天，而且这个除法还需要取整。也就是说，最终我们要用函数来实现这个公式：(INT)（（当前日期－出生日期）/365）。语句如下。

```
DATEDIFF(NOW(),birthday)DIV 365
```

其中，DIV 365 表示除以 365。DIV 与运算符除号不同是：它只取整数值，相当于 INT 取整。根据上述的分析，完整的 SQL 语句如下。

```
SELECT stuno,stuname,sex,(DATEDIFF(NOW(),birthday))DIV 365 AS age
FROM v_student1;
```

查询结果如图 6.10 所示。

stuno	stuname	birthday	age
2021010101	高进	2003-04-19	19
2021010102	刘美美	2001-06-02	21
2021010103	陈克强	2001-07-26	21
2021010104	丁一民	2001-08-05	21
2021010105	姚梅	2002-10-12	20
2021010106	张浩东	2002-11-21	20
2021010201	于民	2002-09-19	20
2021010202	张璐	2003-11-12	19
2021010203	陈飞	2002-12-01	20
2021010204	辛琪	2003-10-15	19
2021010205	张秋菊	2001-08-12	21

图 6.10 根据出生日期显示年龄

（6）创建视图 v_student2，显示班级号为 20210101 的同学姓名、性别以及加密的身份证号后四位并输出。

分析：身份证号后四位可以用 SUBSTRING()函数截取，对这四位加密可以用密钥加密函数 AES_ENCRYPT()，所以，给身份证号后四位加密输出的语句如下。

```
AES_ENCRYPT(SUBSTRING(id,15,4),'Z');
```

其中，AES_ENCRYPT 函数的第一个参数是身份证号的前四位，后一个参数 Z 是加密的密钥。

所以完整的 SQL 语句如下。

```
CREATE VIEW v_student2
AS
SELECT stuname,sex,AES_ENCRYPT(SUBSTRING(id,15,4),'Z') AS id4
FROM student;
```

用 SELECT * FROM v_student2 语句查询该视图，可以发现身份证后四位被加密了，显示为乱码，如图 6.11 所示。

(7) 在视图 v_Student2 中查询高进同学的信息,并将身份证号后四位解密显示。

分析:解密函数可以用 AES_DECRYPT()函数,这是加密函数的逆运算函数。值得注意的是,解密时需要用到加密时的密钥,此视图创建时加密该列的密钥为 Z,所以解密的密钥也需要用 Z。所以 SQL 语句如下。

```
SELECT stuname,sex,AES_DECRYPT(id4,'Z') AS id4
FROM v_student2
WHERE stuname='高进';
```

结果如图 6.12 所示。

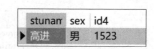

图 6.11　查询视图 V_student2 的效果　　图 6.12　高进信息的查询结果

(8) 将 student 表中班级号为 20210101 同学的学号和姓名生成一个 JSON 对象。

分析:将字段生成 JSON 对象可以用函数 JSON_OBJECT(),其中字段对应键,字段值对应键值。所以 SQL 语句如下。

```
SELECT JSON_OBJECT('stuno',stuno,'stuname',stuname)
FROM student
WHERE classno='20210101';
```

查询结果如图 6.13 所示。

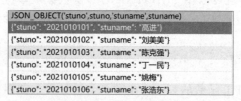

图 6.13　生成 JSON 对象

2. 自定函数的应用

(1) 自定义函数 fncount1(),返回班级号为 20210101 的班级人数。

分析:因为要求返回确定的班级号 20210101 班的学生人数,所以在函数定义中不需要输入参数。又因为返回的值是班级人数,所以返回数据类型为整型。所以创建函数的语句如下。

```
CREATE FUNCTION fncount1()                    --创建函数
RETURNS INT                                   --返回数据类型是整型
```

```
DETERMINISTIC                                                      --函数特性
RETURN(SELECT COUNT(*) FROM student WHERE classno='20210101');  --返回值
```

函数创建好后,在 Navicat 图形界面下可以在对应数据库的函数列中找到对应的函数,如图 6.14 所示。

调用该函数的语句如下。

```
SELECT fncount1();
```

图 6.14　xk 数据库下的 fncount1()函数

结果如图 6.15 所示。

(2) 自定义函数 fncount2(),返回指定班级的人数。

分析:题目中返回的是指定班级的人数,需要一个输入参数输入班级号,输入参数的数据类型应该和班级号的数据类型一致为 CHAR(10),所以 SQL 语句如下。

```
CREATE FUNCTION fncount2(cno CHAR(10))
RETURNS INT
DETERMINISTIC
RETURN(SELECT COUNT(*) FROM student WHERE classno=cno );
```

调用该函数,查看班级号为 20210102 的人数,语句如下。

```
SELECT fncount2('20210102');
```

结果如图 6.16 所示。

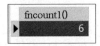

图 6.15　调用函数 fncount1()的结果

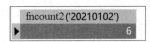

图 6.16　调用函数 fncount2()的结果

(3) 自定义一个函数,实现两个数相加并返回结果。

分析:此函数有两个输入参数,返回一个 INT 型值,所以对应的 SQL 语句如下。

```
CREATE FUNCTION fnsumab(a INT ,b INT)
RETURNS INT
RETURN a+b;
```

调用该函数,求 2 和 3 的和,语句如下。

```
SELECT fnsumab(2,3);
```

 巩固提高

(1) 总结常用函数的用法,每种函数举一个例子,将内容填入表 6.9 中。

表 6.9　常用函数的用法总结

常用的日期时间函数举例	
常用的字符串函数举例	
其他常用函数举例	

（2）用 SQL 语句实现：身份证号前 4 位为 3702 的同学表示为青岛人。请根据身份证号查询学生信息，判断该同学是否是青岛人。

（3）查询离元旦还有多少天。

（4）创建视图显示教师信息，其中教师的年龄加密显示。

（5）自定义函数实现：返回当前日期的固定格式输出，形如"2021 年 09 月 07 日 10 时 54 分 01 秒"。

（6）自定义函数，返回 MySQL 数据库技术课程的总选课人数。

任务 6.3　存储过程

 任务导学

任务描述

用 SQL 语句在选课系统数据库中创建各种类型的存储过程，并调用这些存储过程，实现一定的功能。

学习目标

• 能够描述存储过程的概念和作用。

• 能够用 SQL 语句创建和调用存储过程。

• 能够用 SQL 语句修改和查看存储过程。

知识准备

1. 存储过程的概念

在日常生活中我们经常要给各种人打电话。给陌生人打电话的时候，手机中没有存他的号码，所以需要手动拨号，这样操作起来比较慢，但是如果对方是熟人，号码早就存在通信录中了，打电话时，只需要在通信录里选中他的名字就可以了，这样就比较快。

存储过程就像存放联系人的通信录。在数据库编程中，为了更快捷方便地使用一些特定的 SQL 功能，把一些 SQL 语句集中编译好放到数据库中，只要调用它们，就可以快速执行，完成特定的功能，这就是存储过程。

2. 存储过程的好处

• 存储过程提高了执行速度和系统性能。存储过程存放在服务器中，减少了客户端和服务器端的数据传输，执行速度快。同时存储过程执行一次后，其执行规划就驻留在高速缓存中，下次操作只需从高速缓存中调用已经编译好的二进制代码即可，提高了系统性能。

- 存储过程允许模块化程序设计。存储过程创建后,可以在程序中多次调用而不必重新编写,数据库专业人员也可随时对其进行修改,对应用程序源代码无影响。
- 存储过程可以用流程控制语句编写,有很强的灵活性,可以完成较复杂的运算。
- 存储过程可作为一种安全机制来充分利用。系统管理员通过执行某一存储过程的权限,能够限制相应数据的访问权限,避免非授权用户的数据访问,从而保证了数据的安全性。

3. 创建与调用存储过程

(1) 创建存储过程。语法格式如下。

```
CREATE PROCEDURE 存储过程名([IN|OUT|INOUT]参数名 数据类型,[...])
   [特征]
BEGIN
   SQL 语句
END
```

语法说明如下。

- [IN|OUT|INOUT]:表示参数的三种类型。IN 表示输入参数;OUT 表示输出参数;INOUT 表示输入输出参数。
- [特征]:指定了存储过程的特性,可省略,可能的取值如下。
  - ◆ NO SQL:表示子程序中不包含 SQL 语句。
  - ◆ READS SQL DATA:表示子程序中包含读数据的语句。
  - ◆ MODIFIES SQL DATA:表示子程序中包含写数据的语句。
  - ◆ DEFINERL:表示只有定义者自己才能够执行。
  - ◆ INVOKER:表示调用者可以执行。
  - ◆ COMMENT 'string':表示注释信息。

(2) 调用存储过程。语法格式如下。

```
CALL 存储过程名(参数名,[...])
```

4. 管理存储过程

(1) 查看存储过程。

① 查看存储过程定义:

```
SHOW CREATE PROCDURE 存储过程名;
```

② 查看存储过程的状态:

```
SHOW STATUS LIKE '存储过程名';
```

(2) 修改存储过程。修改存储过程的特征写法与创建存储过程相似。语法格式如下。

```
ALTER PROCEDURE 存储过程名[特征...]
```

（3）删除存储过程。一次可以删除一个或多个存储过程，语法格式如下。

```
DROP PROCEDURE 存储过程名
```

5. 存储过程中的流程控制语句

（1）IF...ELSE 语句

该语句是条件分支语句，可用于存储过程中，实现非此即彼的逻辑。语法格式如下。

```
IF 条件表达式 1 THEN
   语句块 1;
[ELSE IF 表达式 2 THEN
   语句块 2;]
...
[ELSE
   语句块 m;]
END IF
```

（2）WHILE 语句。该语句是经常用到的循环语句，可以在函数、存储过程和触发器中使用。语法格式如下。

```
WHILE 条件表达式 DO
   循环体;
END WHILE;
```

 任务实施

1. 存储过程中参数的设置

（1）创建存储过程 sp_stuxk，查询所有同学的选课情况，并调用该存储过程。

视频 6.5：存储过程中参数的设置

分析：该存储过程是查询所有同学的情况，所以不需要有输入参数。查询选课情况需要输出学生姓名、课程名称以及成绩，所以需要多表连接。套用创建存储过程的语法格式如下。

```
CREATE PROCEDURE sp_stuxk()
BEGIN
   SELECT stuname,coursename,score
   FROM student JOIN sc USING(stuno) JOIN course USING(courseno);
END;
```

在运行创建存储过程语句时，为了便于编辑查看，可以在 Navicat 中运行。执行成功后，在函数列中能找到对应的存储过程，如图 6.17 所示。

调用存储过程可以用 CALL 语句，因为该存储过程没有输入参数，所以调用语句如下。

图 6.17　xk 数据库下的存储过程

```
CALL sp_stuxk();
```

那么,如果在 MySQL 客户端执行上述创建存储过程的语句结果会一样吗?

我们先删除刚刚创建的 sp_stuxk 存储过程,语句如下。

```
DROP PROCEDURE sp_stuxk;
```

然后查看数据库下的存储过程,语句如下。

```
SHOW STATUS  LIKE 'sp_stuxk';
```

结果如图 6.18 所示,存储过程已经被删除。

```
mysql> DROP PROCEDURE sp_stuxk;
Query OK, 0 rows affected (0.01 sec)

mysql> SHOW STATUS LIKE 'sp_stuxk';
Empty set (0.00 sec)
```

图 6.18　删除和查看存储过程

下面我们尝试在 MySQL 客户端创建上面的存储过程。运行同样的代码,发现出现了错误,如图 6.19 所示。程序运行到分号处就停止了,这是怎么回事呢?

```
mysql> CREATE PROCEDURE sp_stuxk()
    -> BEGIN
    -> SELECT stuname,coursename.score
    -> FROM student JOIN sc USING(stuno) JOIN course USING(courseno);
ERROR 1064 (42000): You have an error in your SQL syntax; check the manual
that corresponds to your MySQL server version for the right syntax to use n
ear '' at line 4
mysql> ENDS`
```

图 6.19　MySQL 客户端创建存储过程出现错误

这是因为在 MySQL 语句执行中,默认分号表示一句话的结束。在存储过程编译过程中,如果没有特别注明,编译器还是默认分号为存储过程语句的结束符,所以到分号就停止了,无法执行分号后面的存储过程语句。

那么怎么解决这个问题呢? 我们可以用 DELIMITER 语句另外设置存储过程的结束符来解决这个问题。

语句如图 6.20 所示。

在创建存储过程之前,先用 DELIMITER 声明当前的结束符为"//",这时编译器就将";"仅仅当作存储过程中的代码了。在存储过程结束,也就是 END 之后,加写 "//"表示这个存储过程运行结束了。

存储过程创建成功后,再使用"DELIMITER;"将结束符恢复成";",这样当调用存储过程时,就又可以用分号作结束符了。

(2)创建存储过程 sp_stuxk2,查询某个同学的选课情况,并调用该存储过程。

分析:这个存储过程不再要求返回所有同学的选课情况,而是只返回指定的某个同学。所以需要一个输入参数来传递这个学生的名字,然后添加条件来限定查询学生的姓名。

```
mysql> DELIMITER //
mysql> CREATE PROCEDURE sp_stuxk()
    -> BEGIN
    -> SELECT stuname,coursename,score
    -> FROM student JOIN sc USING(stuno) JOIN course USING(courseno);
    -> END//
Query OK, 0 rows affected (0.00 sec)

mysql> DELIMITER ;
mysql> CALL   sp_stuxk();
+---------+------------------+--------+
| stuname | coursename       | score  |
+---------+------------------+--------+
| 高进    | MySQL数据库技术  | 85.0   |
| 陈克强  | MySQL数据库技术  | 76.0   |
| 丁一民  | MySQL数据库技术  | 53.0   |
| 张浩东  | MySQL数据库技术  | 98.0   |
| 陈含    | MySQL数据库技术  | 78.0   |
```

图 6.20　用 DELIMITER 语句重新设置结束符

语句如下。

```
CREATE PROCEDURE sp_stuxk2(name CHAR(10))
BEGIN
  SELECT stuname,coursename,score
  FROM student JOIN sc USING(stuno) JOIN course USING(courseno)
  WHERE stuname=name;
END;
```

调用存储过程时要给存储过程添加参数值,比如要查询高进同学的选课情况,语句如下。

```
CALL sp_stuxk2('高进');
```

运行结果如图 6.21 所示,执行该存储过程可以查询出高进选修的两门课及成绩。

(3) 创建存储过程 sp_stuxk3,查询某个同学某门课的成绩,并将此成绩作为输出参数输出。

分析:要求查询某个同学某门课程的成绩,所以需要两个指定的输入参数,分别传送学生姓名和课程名称,同时要求将查询的成绩输出,因此需要一个输出参数来传递查询的成绩。

stuname	coursena	score
▶ 高进	MySQL数据库技术	85.0
高进	大学英语	75.0

图 6.21　调用存储过程查看
高进的选课情况

语句如下。

```
CREATE PROCEDURE sp_stuxk3(stname CHAR(10),coname VARCHAR(50),
OUT sco DECIMAL(3,1))                    --定义输入参数 sco。注意前面的 out 不能省略
BEGIN
  SELECT score INTO sco                  --将查询结果赋给输出参数 sco
  FROM student JOIN sc USING(stuno) JOIN course USING(courseno)
  WHERE stuname=stname AND coursename=coname;
END;
```

172

调用带输出参数的存储过程和之前存储过程的调用时稍有不同,需要在输出参数的位置加一个用户变量来获得输出值,以便后面的操作中可以使用该输出值。

所以,调用存储过程的 SQL 语句如下。

```
CALL sp_stuxk3('高进','MySQL 数据库技术',@score) ;   --输出参数位置加用户变量@score
SELECT @score as '高进 MySQL 数据库技术成绩';          --直接将用户变量输出
```

结果如图 6.22 所示。

这里我们直接输出了高进同学的成绩。也可以进一步根据输出成绩的大小,给学生成绩设置不同的等级,这就需要和程序控制语句相结合来实现了。

图 6.22　调用带输出参数的存储过程

2. 存储过程中流程控制语句的使用

(1) 创建存储过程 sp_stuscore,查询某个同学的平均成绩,并根据平均成绩输出信息。

平均成绩:　　　　　　　　　等级:

平均成绩≥90　　　　　　　　优秀

80≤平均成绩<90　　　　　　良好

70≤平均成绩<80　　　　　　中等

60≤平均成绩<70　　　　　　及格

平均成绩<60　　　　　　　　不及格

视频 6.6:存储过程中流程控制语句的使用

分析:首先,题目要求查询某名同学的平均分,所以需要一个输入参数来传递该同学的姓名。其次,还要求根据平均分输出信息,所以需要定义一个局部变量,来存放查询出来的平均成绩。最后,还要根据平均成绩输出不同的信息,所以需要用到 IF…ELSEIF 语句来根据平均成绩判断列的显示信息。

语句如下。

```
--创建存储过程,定义一个输入参数,存放学生名字
CREATE PROCEDURE sp_stuscore(stname CHAR(10))
--存储过程开始
BEGIN
  --声明局部变量,存放学生平均成绩
  DECLARE avgscore DECIMAL(3,1);
  --给局部变量赋值为学生平均分
  SELECT AVG(sc.score) INTO avgscore
  FROM student JOIN sc USING (stuno) WHERE stuname=stname;
  --根据局部变量的值输出学生成绩的等级
  IF avgscore>=90 THEN SELECT '成绩优秀' AS 成绩;
  ELSEIF avgscore>=80 THEN SELECT '成绩良好' AS 成绩;
  ELSEIF avgscore>=70 THEN SELECT '成绩中等' AS 成绩;
  ELSEIF avgscore>=60 THEN SELECT '成绩及格' AS 成绩;
  ELSE SELECT '不及格' AS 成绩;
END IF;                         --END IF 表示 IF 语句结束
END;                            --存储过程结束
```

调用存储过程的语句如下。

```
CALL sp_stuscore('高进');
```

结果如图 6.23 所示。可以看出,查询出高进的成绩为良好。

在这段代码的书写中,要注意一些代码书写的细节。比如如何定义局部变量,如何给局部变量赋值,如何书写 IF...ELSEIF 语句。特别要注意分号的用法,每一条语句结束都要加分号,END IF 之后也要加分号。

图 6.23 调用存储过程查询高进成绩等级

(2) 创建带输入/输出参数的存储过程 sp_add,实现求和:$1+2+3+\cdots+N$。N 可以由输入参数决定,结果由输出参数输出,并调用该存储过程。

分析:这是一个我们熟悉的求和问题,需要用 WHILE 循环来实现和的累加。

其中循环的次数也就是循环条件由累加的终值输入参数 N 来确定,还需要定义一个输出参数存放结果。除此之外,在存储过程中,还需要定义一个局部变量作循环变量。

SQL 语句如下。

```
CREATE PROCEDURE sp_add(n INT,OUT sum INT)
BEGIN                                      --开始
  DECLARE i INT;                           --声明局部变量 i,表示循环次数
  SET i=1; SET sum=0;                      --赋初值
  WHILE i<=n                               --循环条件
  DO                                       --循环体开始
    SET sum=sum+i;
    SET i=i+1;
  END WHILE;                               --循环结束
END;                                       --存储过程结束
```

因为该存储过程有输出参数,所以在调用时,在输出参数的位置需要补一个用户变量,用于存放输出参数传递的结果。语句如下。

```
CALL sp_add(100,@sum);
SELECT @sum;
```

图 6.24 调用 $1+2+\cdots+N$ 存储过程的结果

结果如图 6.24 所示。

(3) 创建存储过程 sp_passrate,查询数据库应用技术课程的通过率。如果通过率大于某个给定的值,则输出达标,否则输出不达标。

分析:在这里通过率是可以根据要求变化的,所以,需要定义一个输入参数来传递通过率。课程的通过率是指该课程的及格人数占总选修人数的比例,所以在求通过率时,可以定义变量 sum 存放总人数,pass 存放及格人数,通过率就可以写作 pass/sum。又因为通过率是 DECIMAL 数据类型,而 pass 和 sum 都是整型,可以通过 pass 乘以 1.0 的方式实现数据类型的转换,所以通过率最终可以写作 pass * 1.0/sum。

我们还注意到,在查询总人数和通过人数时,数据库应用技术的课程编号会反复用到。

为了方便查询,我们可以先定义一个变量 cno 来存放该课程的课程号。

根据上述分析,语句如下。

```
CREATE PROCEDURE sp_passrate(x DECIMAL(4,1))
BEGIN
    DECLARE cono CHAR(10);              --cono 表示课程编号
    DECLARE pass,sum INT ;             --pass 表示通过人数,sum 表示总人数
    SET cono=(SELECT courseno FROM course WHERE coursename='MySQL 数据库技术');
    SET sum=(SELECT COUNT(stuno) FROM sc WHERE courseno=cono);
    SET pass=(SELECT COUNT(stuno) FROM sc WHERE courseno=cono AND score>60);
    IF pass * 1.0/sum>x              --条件为"通过率大于输入值"
    THEN
        SELECT pass * 1.0/sum AS 通过率,'达标' AS 结果;
    ELSE
        SELECT pass * 1.0/sum AS 通过率,'未达标' AS 结果;
    END IF;
END;
```

调用存储过程如下。

```
CALL sp_passrate(0.8);
```

结果如图 6.25 所示。表示当达标通过率是为 80% 时,课程的通过率是达标的。

通过率	结果
0.85714	达标

图 6.25　调用存储过程查看通过率是否达标

 巩固提高

(1) 总结存储过程的用法,将内容填入表 6.10 中。

表 6.10　存储过程的用法总结

知　识　点	语　法	举　　例
创建存储过程		
调用存储过程		
存储过程中常用的控制语句		
管理存储过程		

(2) 用 SQL 语句实现如下要求。

① 创建存储过程,显示所有课程的选课人数,并调用该存储过程。

② 创建存储过程,显示指定课程的选课人数,并调用该存储过程,显示数据库应用技术

的选课人数。

③ 创建存储过程,输出指定课程的选课人数,并调用该存储过程。若数据库应用技术选课人数大于10,则显示"较多";否则显示"一般"。

④ 创建存储过程,用循环语句实现如下操作:若某门课程的平均分小于指定值,则给每名选修这门课的同学加 2 分(但不能超过 100 分),直到平均分不小于该输入值为止。调用该存储过程使数据库应用技术课程的平均分不小于 68 分。

任务 6.4　触发器

 任务导学

任务描述

用 SQL 语句在选课系统数据库中创建各种形式的触发器,以实现一定的数据控制功能。

学习目标

- 能够描述触发器的概念和作用。
- 能够用 SQL 语句创建触发器。
- 能够用 SQL 语句管理触发器。

提示:

回顾一下项目 3 任务 3.2 操作表内容的方法,在班级表中添加一列名为 num,用来统计对应班级的人数。

思考当在 student 表中插入或删除学生时,如何使得班级表中对应班级的人数改变。

知识准备

1. 触发器的概念

回顾旧知识的例子中,当学生表中插入一名新同学时,如何使班级表对应的人数加 1 呢？可以在学生表中定义一个存储过程,当插入信息时,自动触发班级表人数加 1 的操作,如图 6.26 所示。

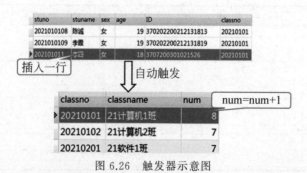

图 6.26　触发器示意图

这种由事件自动触发操作的特殊存储过程称为触发器,它可以用来完成更复杂的完整性约束,保持数据的一致性。

2. 触发器和存储过程的区别

- 触发器不需要 CALL 语句调用，它是被自动激活的。它在插入（INSERT）、更新（UPDATE）和删除（DELETE）表中的数据时会自动触发，可以用来对表实施复杂的完整性约束。
- 触发器是基于表创建的，与表紧密相连，可以是表定义的一部分。
- 触发器可以通过数据库中的相关表进行层叠更改，这比直接把代码写在前台安全合理。

3. 触发器中的两个逻辑表

MySQL 提供了两个逻辑表 OLD 和 NEW。这两个表的结构和触发器所在表的结构完全一致。当触发器执行完毕后，这两个表也随之删除。

（1）OLD 表。OLD 表用来存放更新前的记录。

- 对于 UPDATE 语句，该表存放的是更新前的数据。
- 对于 DELETE 语句，该表存放的是被删除的记录。

（2）NEW 表。NEW 表用来存放更新后的记录。

- 对于 INSERT 语句，该表存放的是要插入的数据。
- 对于 UPDATE 语句，该表存放的是更新后的数据。

4. 创建触发器

创建触发器的语法格式如下。

```
CREATE TRIGGER trigger_name
trigger_time trigger_event
ON tbl_name
FOR EACH ROW
trigger_statement
```

语法说明如下。

- trigger_name：触发器的名称，不能与已经存在的触发器重复。
- trigger_time：可以是 BEFORE 或 AFTER，表示在事件之前或之后触发。
- trigger_event：可以是 INSERT、UPDATE、DELETE，表示触发该触发器的具体事件。
- tbl_name：该触发器作用在 tbl_name 上。
- FOR EACH ROW：表示任何一条记录上的操作满足触发事件，都会触发该触发器。
- trigger_statement：触发器被触发后执行的语句。以 BEGIN 开始，以 END 结束。

5. 管理触发器

查看数据库中的所有触发器，语法如下。

```
SHOW TRIGGERS
```

删除触发器，语法如下。

```
DROP TRIGGER 触发器名
```

 **任务实施**

视频 6.7：创建与应用
INSERRT 触发器

1. 应用 INSERT 触发器

（1）在班级表中添加名为 num 的一列，用来统计对应班级的人数。

分析：首先需要用 ALTER TABLE 语句向表中插入 num 列；然后用 UPDATE 语句更新该列的值，该列的值用子查询查询 student 表中对应班级的人数。SQL 语句如下。

```
ALTER TABLE class
ADD num INT NULL;
UPDATE class
SET num=(SELECT COUNT(*) FROM student WHERE classno=class.classno);
```

修改后的 class 表如图 6.27 所示。

（2）在 student 中创建一个触发器 tr_insert，当表中插入一行数据时，触发器触发 class 表，使 num 列加 1。

分析：因为触发器是针对 student 表的插入操作进行触发的，所以该触发器是建立在 student 表上的 AFTER INSERT 触发器。插入数据时，触发的操作是更新 class 表对应的 num 列，使之加 1。SQL 语句如下。

classno	classname	num
2021010	21计算机1班	6
2021010	21计算机2班	6
2021020	21软件1班	7
2021020	21软件2班	6

图 6.27　添加 num 列的 class 表

```
--定义触发器是 student 上的 AFTER INSERT 触发器
CREATE TRIGGER tr_insert
AFTER INSERT ON student
FOR EACH ROW
--触发的操作是给 class 表的 num 列加 1
BEGIN
    UPDATE class
    SET num=(SELECT COUNT(*) FROM student
    WHERE classno=class.classno);
END;
```

（3）查看新建的触发器。该触发器是建在 student 表上的，所以在 Navicat 中，可以在 student 表的设计表界面中找到对应的触发器，如图 6.28 所示。

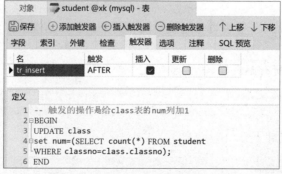

图 6.28　在 Navicat 下查看触发器

也可以用 SHOW TRIGGERS 语句查看数据库中的触发器。为了便于显示,可以在 Navicat 中运行查询语句,结果如图 6.29 所示。

Trigger	Event	Table	Statemen	Timing	Created	sql_m	Definer	character	collation_connection	Database Collation
tr_insert	INSERT	student	--触发的指	AFTER	2022-12-12	STRIC	root@localho	utf8mb4	utf8mb4_0900_ai_ci	utf8mb4_0900_ai_ci

图 6.29　查看触发器

(4) 检验触发器。向 student 表中插入一行数据,观察插入数据之前及之后 class 表中 num 列的变化。

在 student 表插入数据之前用 SELECT classno,classname,num AS 之前人数 FROM class 语句查询 class 表的数据如图 6.30 所示。

插入数据的语句如下。

```
INSERT student
VALUES('2021010107','李丽','女',19,'370202200302035362','20210101');
```

在 student 表中插入数据之后,class 表的数据如图 6.31 所示。

classno	classname	之前人数
2021010	21计算机1班	6
2021010	21计算机2班	6
2021020	21软件1班	7
2021020	21软件2班	6

图 6.30　在 student 表中插入数据
之前 class 表的数据

classno	classname	之前人数
2021010	21计算机1班	7
2021010	21计算机2班	6
2021020	21软件1班	7
2021020	21软件2班	6

图 6.31　在 student 表插入数据
之后 class 表的数据

可以看出,在 student 表中插入数据后,对应班级号为 20210101 的人数增加了 1 个,说明触发器触发了。

2. 应用 UPDATE 触发器

(1) 创建一个触发器,当 student 表中的 classno 变更时,同时更新 class 表中相关的 num 列。

分析:需要创建的触发器是在 student 表中的 UPDTE 触发器。更新 student 表时,若班级号被更新,也就是说班级号不再是原来的班级号 (new.classno!=old.classno),此时我们需要在 class 表中将相关的 num 值更改,即把原来对应班级的 num 减 1,新班级的 num 加 1。

SQL 语句如下。

视频 6.8：UPDATE 与 DELETE 触发器的应用

```
CREATE TRIGGER trig_calssnoupdate
AFTER UPDATE ON student
FOR EACH ROW
BEGIN
    IF new.classno!=old.classno                    --学生表中班级号有变更
    THEN
        BEGIN
            UPDATE class
```

```
        SET num=num-1 WHERE classno=old.classno;--将原来对应的班级号人数减 1
        UPDATE class
        SET num=num+1 WHERE classno=new.classno;--将后来对应班级号人数加 1
        END;
    END IF;
END;
```

（2）查看数据库中当前的触发器

```
SHOW TRIGGERS;
```

结果如图 6.32 所示。

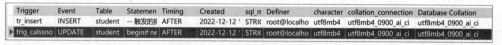

Trigger	Event	Table	Statemen	Timing	Created	sql_n	Definer	character	collation_connection	Database Collation
tr_insert	INSERT	student	--触发的抽	AFTER	2022-12-12 1	STRIC	root@localho	utf8mb4	utf8mb4_0900_ai_ci	utf8mb4_0900_ai_ci
trig_calssno	UPDATE	student	beginif ne	AFTER	2022-12-12 1	STRIC	root@localho	utf8mb4	utf8mb4_0900_ai_ci	utf8mb4_0900_ai_ci

图 6.32　xk 数据库下的触发器

（3）检验触发器。更改一个学生的班级号,查看 class 表中的 num 是否随之变化。
我们在 student 表中先查看陈克强同学的班级号,语句如下。

```
SELECT student.classno,stuname FROM student
WHERE stuname='陈克强';
```

结果如图 6.33 所示。

查看 class 表在陈克强未改变班级号之前的数据情况,其中 20210101 班 7 人,20210102
班 6 人,如图 6.34 所示。

classno	classname	num
20210101	21计算机1班	7
20210102	21计算机2班	6
20210201	21软件1班	7
20210202	21软件2班	6

classno	stuname
20210101	陈克强

图 6.33　陈克强原来的班级号　　　　图 6.34　class 表之前的数据

更新陈克强同学的班级号为 20210102,SQL 语句如下。

```
UPDATE student
SET classno='20210102'
WHERE stuname='陈克强';
```

重新查看陈克强的班级号以及班级表中的数据,如图 6.35 所示。

classno	classname	num
20210101	21计算机1班	6
20210102	21计算机2班	7
20210201	21软件1班	7
20210202	21软件2班	6

classno	stunam
20210102	陈克强

图 6.35　触发 UPDATE 触发器的效果

可以看出陈克强同学的班级号由 20210101 改为 20210102 的同时,class 表中对应的班级号为 20210101 的人数减 1,而 20210102 的人数加 1。说明创建的 UPDATE 触发器已经被触发,实现了同时更新 class 表 num 列的功能。

3. 应用 DELETE 触发器

(1) 创建触发器,当学生表删除信息时,class 表对应的 num 列减 1。

分析:该触发器是创建在 student 表上的 AFTER DELETE 触发器。触发的内容是当删除一行学生信息时,class 表中对应该班级号的 num 列减 1。

SQL 语句如下。

```
CREATE TRIGGER trig_studelete
AFTER DELETE ON student                --在 student 表创建 DELETE 触发器
FOR EACH ROW
BEGIN
    --在 class 表中将该班级号(old.classno)对应人数减 1
    UPDATE class
    SET num=num-1
    WHERE classno =old.classno;
END;
```

(2) 检验触发器。删除一行学生信息,查看 class 表对应的情况。

已知之前陈克强同学的班级号为 20210102,该班级人数为 7 人,查询语句如下。

```
SELECT stuname,classno,classname,num As 之前 FROM
class JOIN student USING(classno) WHERE stuname='陈克强';
```

查询结果如图 6.36 所示。

删除陈克强同学信息之后,重新查看他所在班级的人数,语句如下。

```
DELETE FROM student WHERE stuname='陈克强';
SELECT * FROM class WHERE classno='20210102';
```

结果如图 6.37 所示,他所在的班级人数已经减 1,也就是说之前的 DELETE 触发器发挥了作用。

stuname	classno	classname	之前
▶陈克强	20210102	21计算机2班	7

图 6.36　陈克强所在班级信息

classno	classname	num
▶20210102	21计算机2班	6

图 6.37　删除陈克强信息后该班级人数

 巩固提高

(1) 总结触发器的用法,将内容填入表 6.11 中。

(2) 关闭外键约束,用 SQL 语句实现如下题目。

① 创建一个课程统计表(coursecount),用来统计每一门课程的选课人数。

表 6.11 触发器知识总结

知 识 点	语 法	举 例
创建触发器		
管理触发器		

② 创建一个触发器,如果选课表(sc)中插入一行数据,则触发该触发器,使得 coursecount 表中对应课程的选课人数加 1。

③ 向选课表(sc)中插入一行数据,观察之前与之后课程统计表(coursecount)的变化。

④ 创建一个触发器,当 student 表中的学号变更时,同时更新 sc 表中对应的学生学号。更改一个学生的学号,查看 sc 表中的学号是否随之变化。

⑤ 创建一个 DELETE 触发器,当在学生表中删除一个学生时,sc 表中该学生的选课信息同时删除,coursecount 表中对应的选课人数减 1。

任务 6.5　事务

 任务导学

任务描述

创建简单的银行信息数据库及其中的表,用 SQL 语句创建存储过程及相关事务,完成银行转账业务。

学习目标

- 能够描述事务概念和作用。
- 能够说明事务的四个属性。
- 能够用 SQL 语句定义和使用事务。

回顾旧知识

回顾项目 3 创建数据库和表的操作,尝试实现如下操作。

- 创建一个数据库名字为银行信息(bankinfo),存放关于银行的信息。
- 在该数据库下创建用户表(bank),结构如表 6.12 所示。

表 6.12　bank 表的结构

列 名	数据类型	说 明
Cardno	VARCHAR(30)	主键
Name	VARCHAR(30)	
Currentmoney	DECIMAL(14,2)	Currentmoney>0

- 向表中插入数据,如图 6.38 所示。
- 现在要求从张三的卡上划转 900 元钱到李四卡中去,应该怎么做? 自己动手试一试。

知识准备

1. 事务的概念

cardno	name	currentmoney
▶ 4367001	张三	800.00
4367002	李四	1000.00

图 6.38 bank 表原来的数据

我们来做前面的转账题目。从张三账户转 900 元给李四，SQL 语句如下。

```
UPDATE card SET currentmoney=currentmoney+900 WHERE cardno='4367002';
UPDATE card SEt currentmoney=currentmoney-900 WHERE cardno='4367001';
```

转账完成后,查询 bank 表,最终的结果显示如图 6.39 所示。

李四转账成功后已经有 1900 元,但是张三的账户却变成了 −100 元,显然这是不合理的。为了解决这种不合理的情况,我们在表上创建触发器,或者在 Currentmoney 列上创建检查约束,限制账户余额不能为零。

然后重新执行转账业务,结果如图 6.40 所示,发现李四的余额已经转账成功并变为 1900 元,而张三的余额依然是 800 元。也就是说,张三的钱没有转出去,而李四的钱却增多了,凭空多出来了 900 元,这显然是错误的。这是为什么呢?

cardno	name	Currentmoney
4367001	张三	−100.00
4367002	李四	1900.00

图 6.39 张三向李四转账后

Cardno	Name	Currentmoney
▶ 4367001	张三	800.00
4367002	李四	1900.00

图 6.40 添加触发器后张三向李四转账后

显然,我们的限制只使张三账户减少 900 元的操作不成功,但并不能限制李四继续加 900 元。

那么怎么解决转账问题呢?

其实我们真正需要的操作是当张三减少 900 元的操作成功时,李四也必须增加 900 元。而如果张三不能完成减少 900 元的转账操作时,那么李四也不能增加 900 元。

也就是说,我们需要把张三和李四的这两个更新操作捆绑起来,操作执行完后,只有两个账户的余额全部合理才算执行成功,如果有一个不合理,那么这两个的操作都算执行失败,应该回到原来的状态。要实现这种功能,我们需要将它们定义为一个事务。

事务是用户定义的一个数据库操作序列,这些操作要么全都做,要么全都不做,是一个不可分割的工作单元。在关系数据库中,一个事务可以是一条 SQL 语句、一组 SQL 语句或整个程序。

例如,上面的转账过程就是一个事务,它需要两条 UPDATE 语句来完成,这两条语句是一个整体,如果其中任一条出现错误,则整个转账业务也应取消,两个账户中的余额应恢复到原来的数据,从而确保转账前和转账后的余额不变。

2. 事务的四个特征

事务必须具备以下四个属性,简称 ACID 属性。

- 原子性(atomicity):事务是一个完整的操作,事务的各步操作是不可分的(原子的),要么都执行,要么都不执行。

- 一致性(consistency):当事务完成时,数据必须处于一致状态。

- 隔离性(isolation):对数据进行修改的所有并发事务是彼此隔离的,这表明事务必须是独立的,它不应以任何方式依赖于或影响其他事务。
- 永久性(durability):事务完成后,它对数据库的修改被永久保持,事务日志能够保持事务的永久性。

3. 事务的定义

事务的开始与结束可以由用户显式控制。如果用户没有显式地定义事务,则有 DBMS 按照默认规则自动划分事务。在 MySQL 系统中,定义事务的语句主要有以下几种。

(1) 开始事务。在 MySQL 中,用 START TRANSACTON 语句或 BENGIN 标识一个用户自定义事务的开始。MySQL 中不允许事务的嵌套,所以第二个事务开始时,第一个事务将自动提交。语法格式如下。

```
START TRANSACTON|BENGIN[WORK]
```

(2) 提交事务。在 MySQL 中,用 COMMIT 或者 COMMIT WORK 语句来提交事务。事务一旦提交,对数据库的修改就是永久性。

语法格式如下。

```
COMMIT[WORK] [AND[NO]CHAIN] [[NO]RELEASE]
```

其中,CHAIN 和 RELEASE 子句分别用来定义事务提交之后的操作。CHAIN 会立即启动一个新的事务,而 RELEASE 则会断开与客户端的连接。

(3) 撤销事务。在 MySQL 中,使用 ROLLBACK 或者 ROLLBACK WORK 语句撤销事务。撤销事务会撤销正在进行的所有未提交的修改。

语法格式如下。

```
ROLLBACK[WORK] [AND[NO]CHAIN] [[NO]RELEASE]
```

(4) 回滚事务。除了撤销整个事务,用户还可以使用 ROLLBACK TO 语句使事务回滚到某个点。

- 设置一个保存点的语法格式如下。

```
SAVEPOINT identifier
```

其中,identifier 为保存点的名称。

- 删除保存点,语法格式如下。

```
RELEASE SAVEPOINT identifier
```

- 设置了保存点后,可以使用 ROLLBACK TO 回滚事务,语法格式如下。

```
ROLLBACK TO SAVEPOINT identifier
```

任务实施

用事务的方式实现银行转账业务,要求 bank 表中的余额不能小于 1。

视频 6.9:事务

1. 创建数据库和表并插入数据

```
--创建数据库
CREATE DATABASE bankinfo
--在数据库中创建 bank 表
USE bankinfo;
DROP TABLE IF EXISTS bank;
CREATE TABLE bank
(cardno VARCHAR(30) PRIMARY KEY,
name VARCHAR(10),
currentmoney DECIMAL(14,2)) );
--向表中插入数据
INSERT INTO bank VALUES('4367001','张三',800);
INSERT INTO bank VALUES('4367002','李四',1000);
```

2. 创建存储过程并实现转账功能

分析:该存储过程实现转账时,需要已知两个转账人的账号以及转账金额,所以需要三个输入参数。在转账过程需要将两个更新操作捆绑起来。两个操作全成功了,转账才能成功;如果一方操作失败,那么转账就不成功,需要将两个表的状态回滚到更新前。这样必须把这两个操作放到一个事务中执行。

具体创建存储过程的 SQL 语句如下。

```
CREATE PROCEDURE banktrans(no1 INT,no2 INT,trmoney DECIMAL(14,2))
BEGIN
  --定义 money1、money2 分别存放 no1 和 no2 的余额
  DECLARE money1DECIMAL(14,2) DEFAULT 0.0;
  DECLARE money2DECIMAL(14,2) DEFAULT 0.0;
  --开始事务
  START TRANSACTION;
  --开始转账
  UPDATE bank SET currentmoney=currentmoney-trmoney WHERE cardno=no1;
  UPDATE bank SET currentmoney=currentmoney+trmoney WHERE cardno=no2;
  --将转账后两账户的余额分别赋给变量 money1 和 money2
  SELECt currentmoney INTO money1 FROM bank WHERE cardno=no1;
  SELECT currentmoney INTO money2 FROM bank WHERE cardno=no2;
  --判断两账户余额是否有小于 1 的
  IF money1<1 OR money2<1 THEN
    BEGIN
      --有小于 1 的则交易失败,回滚事务
      SELECT '交易失败,回滚事务' AS 结果;
      ROLLBACK;
    END;
  ELSE
    --否则提交事务
```

```
    BEGIN
        SELECT '交易成功,提交事务' AS 结果;
        COMMIT;
    END;
  END IF;
END
```

3. 执行存储过程并查看结果

语句如下。

```
CALL banktrans('4367001','4367002',1000);
SELECT * FROM bank;
```

因为交易金额大于张三现存金额,转账后张三余额为负,所以交易失败,回滚事务,如图 6.41 所示。查看两账户余额,发现依然是原来的值,如图 6.42 所示。

结果
▶ 交易失败,回滚事务

图 6.41 显示交易失败

Cardno	Name	currentMoney
▶ 4367001	张三	800.00
4367002	李四	1000.00

图 6.42 交易失败后余额回到原来值

改变交易数额,重新调用该存储过程。当转账金额为 100 时,张三转账后余额为 700 大于 1,所以交易成功,提交事务,如图 6.43 所示。查看账户余额,发现余额值都发生了变化,结果如图 6.44 所示,说明确实成功实现了转账操作。

结果
▶ 交易成功,提交事务

图 6.43 显示交易成功

Cardno	Name	currentMoney
▶ 4367001	张三	700.00
4367002	李四	1100.00

图 6.44 交易成功后的余额值

 巩固提高

(1) 总结事务的概念和创建实施,将内容填入表 6.13 中。

表 6.13 事务总结

知识点	概念(语法)	举 例
事务的概念		
事务的四个属性		
创建事务		
提交、回滚事务		

(2) 用 SQL 语句实现以下任务。

① 创建 titlecount 表并统计每种职称的教师人数,表结构为 titlecount(titleno,count)。

② 创建一个存储过程,在存储过程中创建事务,实现将指定教师的职称变更为指定值

的同时,titlecount 表的 count 值也会相应变化。调用该存储过程,使教师陈金华的职称由副教授变为教授的同时,titlecount 表对应的 count 值也变化。

任务 6.6　事件

 任务导学

任务描述

在学生选课数据库中,用 SQL 语句将一些需周期性完成的任务定义为事件,以实现任务的自动完成。

学习目标

- 能够描述事件的概念和作用。
- 能够用 SQL 语句定义和管理事件。

知识准备

1. 事件

在数据库管理中,我们经常需要周期性地执行某些操作,比如定时刷新数据,定期维护索引,定时打开或者关闭数据库,定时关闭账户等。那么怎么才能使这些烦琐的工作简单化、自动化呢? 我们可以把这些需要自动调用的对象定义为一个事件,然后采用事件调度器来调度和管理它们,以实现任务的自动化。

事件和触发器类似,都不可调用,都是被触发的,不同点在于触发器是被某些操作触发,而事件是在某一限定时刻触发。

2. 事件调度器

事件调度器是 MySQL 服务器的一部分,它取代了原先只能由操作系统计划任务完成的工作,监视数据库中的事件,负责事件的调度。它可以精确到每秒钟执行一个任务,比操作系统的计划任务(每分钟执行一次)更加精确,所以事件在一些对实时性要求较高的应用中得到了广泛使用。

3. 事件调度器的设置

默认情况下,事件调度器处于关闭状态。打开事件调度器,才能监视哪些事件需要调度,然后执行调度事件的任务。常用的设置事件调度的语句如下。

- 开启事件调度器:

```
SET GLOBAL event_scheduler = ON;
```

- 关闭事件调度器:

```
SET GLOBAL event_scheduler = OFF;
```

- 查看事件调度器语句:

```
SHOW VARIABLES LIKE 'event_scheduler';
```

或者

```
SELECT @@event_scheduler;
```

4. 创建管理事件

(1) 创建事件。MySQL 中,要完成自动化作业,就需要创建事件。每个事件由事件调度(event schedule)和事件动作(event action)两部分组成。事件调度表示事件何时启动以及按什么频率启动。事件动作表示事件启动时需执行的代码。

其语法格式如下。

```
CREATE EVENT [IF NOT EXISTS] 事件名称
ON SCHEDULE 事件和频率
[ON COMPLETION [NOT] PRESERVE]
[ENABLE | DISABLE]
[COMMENT 注释]
DO 程序体
```

语法说明如下。

- ON SCHEDULE 时间和频率:定义事件执行的开始和结束时间、执行的频率与持续时间。
- ON COMPLETION [NOT] PRESERVE:默认情况下,事件执行完后会自动删除。若想保留事件的定义,则要设置 ON COMPLETION PRESERVE。
- ENABLE | DISABLE:用于启用或禁用事件,创建时默认为 ENABLE。
- DO 程序体:用于指定事件执行的 SQL 语句集。可以是简单的 INSERT 或者 UPDATE 语句,还可以调用存储过程或者 BEGIN...END 语句块。

(2) 查看事件。语法格式如下。

```
SHOW EVENTS
[{FROM | IN} 数据库名]
[LIKE 匹配模式 | WHERE 条件表达式]
```

(3) 修改事件。语法格式如下。

```
ALTER EVENT 事件名称
ON SCHEDULE 时间与频率
[ON COMPLETION [NOT] PRESERVE]
[RENAME TO 新事件名称]
[ENABLE | DISABLE ]
[COMMENT 事件注释]
[DO 程序体 ];
```

(4) 删除事件。语法格式如下。

```
DROP EVENT [IF EXISTS] 事件名称
```

视频 6.10：事件

1. 创建事件

（1）从当前时间开始的 5 分钟后，更新班级号为 20210101 班学生的成绩，使他们的 MySQL 数据库技术课程的成绩都加 5 分。

分析：上述的事件只执行一次。对于这种一次性的事件，事件和频率的设置方法如下。

```
AT 时间戳 + INTERVAL 时间间隔 时间单位
```

语句如下。

```
CREATE EVENT event_addscore
ON SCHEDULE AT CURRENT_TIMESTAMP() + INTERVAL 5 MINUTE
DO
UPDATE sc
SET score=score+5
WHERE stuno in(SELECT stuno FROM student WHERE classno='20210101')
AND courseno=(SELECT courseno FROM course WHERE coursename='MySQL 数据库技术');
```

其中，CURRENT_TIMESTAMP()表示取当前的时间戳，INTERVAL 5 MINUTE 表示间隔 5 分钟。

（2）打开事件调度器，然后查看当前数据库中的事件执行情况。

语句如下。

```
SET GLOBAL event_scheduler = ON;
SHOW EVENTS IN xk;
```

结果如图 6.45 所示，发现该事件将要在 5 分钟之后执行。

Db	Name	Definer	Time zone	Type	Execute at	Interval value	Interval field	Starts	Ends	Status	Originator
xk	event_a	root@localho	SYSTEM	ONE 1	2022-12-16 21:40:48	(Null)	(Null)	(Null)	(Null)	ENABLED	1

图 6.45　查看 xk 数据库中的事件

5 分钟后，我们打开 sc 表发现，班级号为 20210101 的课程号为 C001(MySQL 数据库技术)的同学成绩加了 5 分。例如，学号为 2021010101 同学的成绩由原来的 85 分提高到了 90 分，如图 6.46 所示。

然后查看数据库中的事件，发现事件已经不存在了，说明这种只执行一次的事件，执行完后就不存在了。

（3）创建名为 event_age_student 的事件，从 2023 年 1 月 1 日起，每天晚上 8 点后，将学生年龄 age 列根据学生的 id 号重新更新一遍。

stuno	courseno	score
2021010101	C001	90.0
2021010101	C008	75.0
2021010102	C002	63.0
2021010102	C004	83.0
2021010102	C006	86.0

图 6.46　事件执行结果

分析：这是一个重复执行的事件，重复执行的事件定义方式如下。

```
EVERY 时间间隔 [STARTS 开始时间]　[ENDS 结束时间]
```

其中,[STARTS 开始时间]和[ENDS 结束时间]表示开始和结束时间。如果事件一直执行,没有开始或结束时间,则可以省掉。

由 id 号计算 age 值,可以参考任务 2 中函数的使用方法,完整代码如下。

```
CREATE EVENT event_age_student
ON SCHEDULE EVERY 1 DAY
STARTS '2023-01-01 20:00:00'
ENDS '2023-12-31 23:59:59'
DO
UPDATE student
SET age=DATEDIFF(NOW(),STR_TO_DATE(SUBSTRING(id,7,8),'%Y%m%d'))DIV 365;
```

(4) 创建名为 event_reindex_student 的事件,每周调用存储过程 proc_reindex_student,重建 student 上的索引 ix_stuname。

① 创建存储过程用来重建索引。创建索引时,首先查看索引是否存在,存在则删除索引并重新创建。MySQL 表的索引信息都存放在系统数据库 information_schema 的 statistics 表中。判断索引是否存在,只需查看该表中有没有该索引就可以了。

语句如下。

```
CREATE PROCEDURE proc_reindex_student()
DETERMINISTIC
BEGIN
    IF EXISTS
    (SELECT * FROM information_schema.statistics    --从系统表中查询索引信息
        WHERE table_schema = 'xk'                   --筛选数据库名
        AND table_name = 'student'                  --筛选表名
        AND index_name = 'ix_stuname')              --筛选索引名
    THEN
        DROP INDEX ix_stuname ON student;
    END IF;
    CREATE INDEX ix_stuname ON student(stuname);    --重建索引
END;
```

② 创建事件,每周调用该存储过程。

执行频率为每周一次。该事件从 2023 年 1 月 1 日开始执行,则语句如下。

```
CREATE EVENT event_reindex_student
ON SCHEDULE EVERY 1 WEEK              --执行频率为每周一次
STARTS '2023-01-01 03:00:00'         --从 2023-01-01 起执行
DO
CALL proc_reindex_student();
```

用"SHOW EVENTS IN xk;"语句显示事件,如图 6.47 所示。

Dl	Name	Definer	Time zor	Type	Ex	Inte	Interval	Starts	Status
xk	event_age_student	root@localho:	SYSTEM	RECURRIN	(N	1	DAY	2023-01-01 20:00:00	ENABLED
xk	event_reindex_student	root@localho:	SYSTEM	RECURRIN	(N	1	WEEK	2023-01-01 03:00:00	ENABLED

图 6.47　每周调用一次的事件 event_reindex_student

2. 管理事件

当事件的功能和属性变化时,可以用 ALTER EVENT 修改事件。

(1) 禁用事件 event_reindex_student。事件禁用可用 DISABLE,语句如下。

```
ALTER EVENT event_reindex_goods DISABLE;
```

查看该事件,结果如图 6.48 所示,可以看出其状态变为了禁用状态。

Dl	Name	Definer	Time zoi	Type	Ex	Intei	Interval	Starts	Status
xk	event_age_student	root@localho:	SYSTEM	RECURRIN	(N	1	DAY	2023-01-01 20:00:00	ENABLED
xk	event_reindex_student	root@localho:	SYSTEM	RECURRIN	(N	1	WEEK	2023-01-01 03:00:00	DISABLED

图 6.48　事件修改为禁用状态

(2) 启用事件 event_reindex_student。事件启用可用 ENABLE,语句如下。

```
ALTER EVENT event_reindex_goods DISABLE;
```

查看事件,结果如图 6.49 所示,可以看出其状变为了启用状态。

Dl	Name	Definer	Time zoi	Type	Ex	Intei	Interval	Starts	Status
xk	event_age_student	root@localho:	SYSTEM	RECURRIN	(N	1	DAY	2023-01-01 20:00:00	ENABLED
xk	event_reindex_student	root@localho:	SYSTEM	RECURRIN	(N	1	WEEK	2023-01-01 03:00:00	ENABLED

图 6.49　将事件修改为启用状态

(3) 删除事件 event_reindex_student。事件不再使用时可以删除,语句如下。

```
DROP EVENT event_reindex_student;
```

查看数据库中的事件,会发现事件已经不存在。

 巩固提高

(1) 总结事件的使用方法,将内容填入表 6.14 中。

表 6.14　事件用法总结

知　识　点	语　　法	举　　例
事件调度器的设置		
创建事件		
修改事件		
删除事件		

（2）创建事件 event_titlecount，使 5 分钟后创建 titlecount 表（titleno，titlename，num），来统计每种职称的人数。

（3）创建事件 event_update_titlecount，每月初调用存储过程，完成更新 titlecount 表，重新统计每种职称的人数的任务。

（4）查看 xk 数据库中的事件，禁用 event_update_titlecount 事件。

项目小结

本项目通过实现一些复杂的选课系统数据的处理任务，介绍了 MySQL 中的一些编程元素的应用，包括变量的分类和定义、内置函数的灵活应用、自定义函数的定义与使用，以及一些流程控制语句的灵活应用，从而使读者的数据库编程能力提升到一个新的层次。同时通过对存储过程、触发器、事务和事件的概念的理解和具体的应用，也进一步增进了数据库的综合程序处理能力。

同步实训 6　程序方式处理学生党员发展管理数据库中的数据

1. 实训描述

通过自定义函数、存储过程、触发器、事务和事件等程序方式来处理学生党员数据库中的数据。

2. 实训要求

（1）定义一个函数，用来统计返回学生预备党员的人数。

（2）定义一个存储过程，查询某个学生是否是预备党员，并执行此存储过程。

（3）定义一个存储过程，查询某一个时间段上青马课的人数，并执行此存储过程。

（4）定义一个触发器，当培养阶段表（level）中的编号更新时，与之对应的学生培养阶段表（stulevel）的编号也随之改变。

（5）定义一个触发器，当向学生信息表（student）中插入一行数据时，同时也向学生培养阶段表（stulevel）插入对应的信息。其中 lno 默认为 l01，时间为当前系统时间。

（6）根据当前数据库中的数据，创建各支部学生政治面貌统计表 lount（bno，lno，num），统计对应个阶段的学生人数。

（7）用事务的方式编写存储过程，实现当学生培养阶段表（stulevel）中的 lno 发生变更时，lcount 表中的数据也随之更新，以保证数据的一致性。

（8）创建事件，每个月定期重建在 student 表 stuname 上的索引。

学习成果达成测评

项目 名称	编程处理选课系统数据库数据		学时		18	学分	1
安全 系数	1 级	职业能力	数据库编程能力			框架 等级	6 级
序号	评价内容	评价标准					分数
1	数据库编程基础	熟悉变量的分类、定义以及应用					
2	流程控制语句	能够用 IF、IF NULL 函数以及 case 语句进行数据查询					
3	内置函数	能够熟练应用常用的日期函数、字符串函数、转换函数等					
4	用户定义函数	能够熟练定义调用带参函数和不带参函数					
5	存储过程的概念	能够理解存储过程的概念					
6	存储过程的应用	能够根据具体任务灵活应用存储过程					
7	触发器的概念	能够理解触发器的概念和两个逻辑表的使用					
8	触发器的应用	能够灵活应用触发器处理问题					
9	事务	能够应用事务处理实际问题					
10	事件	能够定义事件、设置事件调度器					
	项目整体分数(每项评价内容分值为 1 分)						
考核 评价	指导教师评语						

项目自测

一、知识自测

1. MySQL 自定义函数中,声明变量的关键字是(　　)。

　　A. DECALRE　　　　B. DELIMITER　　　C. SET　　　　　　D. VAR

2. 以下选项中不能创建存储过程的是(　　)。

　　A. CREATE PROCEDURE demo()

B. CREATE PROCEDURE demo(name VARCHAR(10))

C. CREATE PROCEDURE demo(in name VARCHAR(10))

D. CREATE PROCEDURE demo(out VARCHAR(10) name)

3. 以下选项中可以定义触发器的是(　　)。

    A. FUNCTION　　　B. CURSOR　　　C. TRIGGER　　　D. PROCEDURE

4. 触发器中的事件可以分为三类,不包括(　　)事件。

    A. INSERT　　　B. UPDATE　　　C. DELETE　　　D. SELECT

5. 现有如下代码,描述错误的是(　　)。

```
DELIMITER $
CREATE PROCEDURE test_pro(IN birth1 DATETIME,IN birth2 DATETIME)
BEGIN
    SELECT DATEDIFF(birth1,birth2);
END$
```

    A. 设置结束符为"$"　　　　　　　B. 创建了一个名为 test_pro 的函数

    C. 该代码的作用是显示连个日期之差　D. 参数列表中的 in 可以省略

6. 在事务的 ACID 特性中,(　　)是指事务将数据库从一种状态变成另一种一致的状态。

    A. atomicity　　　B. durability　　　C. consistency　　　D. isolation

7. 用于将事务处理提交到数据库的语句是(　　)。

    A. INSERT　　　B. ROLLBACK　　　C. COMMIT　　　D. SAVEPOINT

8. 返回当前日期和时间的函数是(　　)。

    A. CURTIME()　　　B. ADDDATE()　　　C. CURNOW()　　　D. NOW()

9. MySQL 中使用(　　)来调用存储过程。

    A. EXEC　　　B. CALL　　　C. EXCUTE　　　D. CREATE

10. MySQL 中可以被周期性调用的数据库对象是(　　)。

    A. 事件　　　B. 事务　　　C. 触发器　　　D. 存储过程

二、技能自测

在项目 5 项目自测中创建的部门表和员工表的基础上,如表 5.3 和表 5.4 所示,完成以下任务。

1. 创建并调用用户自定义函数,查询研发部的总人数。

2. 创建并调用存储过程,查询某位员工的姓名、出生日期和部门名称。

3. 创建并调用存储过程,查询某个年份出生的员工信息。

4. 创建触发器,当更改部门编号时,员工表对应的部门编号也随之改变。

学习成果实施报告

请填写下表,简要总结在本项目学习过程中完成的各项任务,描述各任务实施过程中遇到的重点、难点以及解决方法,并谈谈自己在项目中的收获与心得。

题目					
班级		姓名		学号	

任务学习总结(建议画思维导图):

重点、难点及解决方法:

举例说明在知识技能方面的收获:

举例谈谈在职业素养等方面的思考和提高:

考核评价(按 10 分制)

教师评语:	态度分数	
	工作分数	

项目 7　安全管理维护选课系统数据库

项目目标

知识目标：	能力目标：	素质目标：
(1) 掌握用户与权限的概念和创建方法。 (2) 掌握数据备份的概念和分类。 (3) 掌握数据恢复的概念。	(1) 能够用 Navicat 和 SQL 语句方式创建和管理用户。 (2) 能够用 Navicat 和 SQL 语句方式为用户设置权限。 (3) 能够用 Navicat 完成数据库的备份和恢复。 (4) 能够用 Navicat 完成数据的导入/导出。	(1) 通过用户的设置与管理，增加学生的数据安全维护意识。 (2) 通过给用户分配不同的权限，使学生进一步确定数据安全的分层管理理念。 (3) 在数据的备份恢复与导入/导出的设置中，增加学生细致严谨的数据操作观念和对防患于未然的数据安全预防机制的认识。

项目情境

遵循数据库开发的六个步骤，项目 2 通过需求分析、概念设计和逻辑设计完成了选课系统的数据库设计；项目 3 对数据库进行了物理设计，创建了数据库和表，完成了数据库的实施；项目 4、项目 5 和项目 6 完成了数据查询、优化查询和数据库编程等选课系统数据库的应用开发工作；本项目讲解数据库安全维护。

作为数据库管理人员，除了上述的工作外，还有一个重要的任务就是负责数据库日常安全维护。随着信息技术的普及，越来越多的数据被保存在数据库中。数据是信息系统运行的基础和核心。数据的泄露与篡改使数据的安全性受到影响，所以我们需要通过账户权限管理等一系列方法实现数据库的安全管理。而用户操作错误、存储介质损坏、黑客入侵和服务器故障等不可抗因素，都有可能导致数据出错或丢失，引起灾难性的后果。因此，我们还必须做到未雨绸缪，定期对数据库进行维护，及时备份数据，以保证在故障发生时，能及时恢复数据，将损失降到最小。

本项目通过定义用户和设置用户权限等方式，实现选课系统数据的分层次访问和操作机制。同时，通过备份还原数据库和及时导入/导出重要数据等方式，维护该数据库的数据安全性。

本项目在数据库开发中的位置如图 7.1 所示。

学习建议

- 可结合 Navicat 操作理解相关概念，如用户的权限级别等。

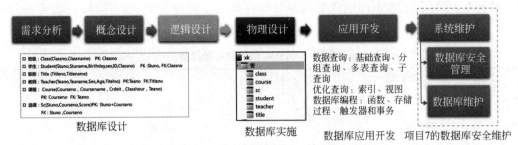

图 7.1　本项目在数据库开发中的位置

- 在使用命令进行备份/还原和导入/导出数据时,需要熟练应用 Windows 命令,读者可自行补充学习相关内容。

 思政窗口

提高警惕,未雨绸缪,谈维护数据安全职业素养的养成。

文档 7.1:维护数据
安全职业素养的养成

任务 7.1　管理数据库用户权限

 任务导学

任务描述

用 Navicat 和 SQL 语句两种方式在服务器下创建用户,并进行用户管理。之后,给该用户设置对应的权限,使之可以查询或管理选课系统数据库中的数据。

学习目标

- 能够描述用户与权限的概念。
- 能够用 Navicat 和 SQL 语句方式创建和管理用户。
- 能够用 Navicat 和 SQL 语句方式为用户设置权限。

知识准备

1. 用户与权限

数据库的安全性是指只允许合法用户进行其权限范围内的数据库相关操作。数据库安全性措施主要涉及用户认证和访问权限两个方面的问题。

(1)用户管理。MySQL 用户主要包括 root 用户和普通用户。root 用户是超级管理员,拥有操作 MySQL 数据库的所有权限。root 用户的权限包括创建用户、删除用户和修改普通用户的密码等管理权限;而普通用户仅拥有创建用户时赋予它的权限。

(2)权限管理。用户权限是指登录到 MySQL 服务器的用户,能够对数据库对象执行何种操作的规则集合。

数据库管理员要根据不同层级的用户进行权限分配,以限制各用户只能在所拥有的权限范围内进行数据访问。用户权限分为全局级、数据库级、表级、列级、函数级和代理权限 6

种,如表 7.1 所示。这些不同层级的权限分别存放在不同的表中,以不同的语法格式创建实现。

表 7.1   MySQL 的不同层级权限

表名	权限层级	说　明	语 法 格 式
user	全局级	保存用户被授予的全局权限	ON *.*
db	数据库级	保存用户被授予的数据库权限	ON 数据库名.*
tables_priv	表级	保存用户被授予的表权限	ON 数据库名.表名
columns_priv	列级	保存用户被授予的列权限	ON 数据库名.表名(列名 1[,列名 2...])
procs_priv	函数级	保存用户被授予的存储过程和存储函数的权限	EXECUTE ON 存储过程名|存储函数名
proxies_priv	代理	保存用户被授予的代理权限	PROXY ON 账户名 1 TO 账户名 2

例如,user 表中记录了用户连接服务器时输入的信息和一些全局级的权限信息,如图 7.2 所示。

Host	User	Select_pri	Insert_priv	Update_priv	Delete_priv	Create_priv	Drop_priv	Reload_priv	Shutdown_priv	Process_priv	File_priv	Grant_priv
localhost	mysql.infosch	Y	N	N	N	N	N	N	N	N	N	N
localhost	mysql.session	N	N	N	N	N	N	N	N	Y	N	N
localhost	mysql.sys	N	N	N	N	N	N	N	N	N	N	N

图 7.2   user 表的权限信息

当 MySQL 服务启动时,会读取这些权限表,并将表中的数据加载到内存。当用户进行数据库访问操作时,MySQL 会根据权限表中的内容对用户做相应的权限控制。常用的权限如表 7.2 所示。

表 7.2   常用权限

权 限 名 称	对应 user 表中的列	权限的范围
CREATE	Create_priv	数据库、表或索引
DROP	Drop_priv	数据库或表
GRANT OPTION	Grant_priv	数据库、表、存储过程或函数
REFERENCES	References_priv	数据库或表
ALTER	Alter_priv	修改表
DELETE	Delete_priv	删除表
INDEX	Index_priv	用索引查询表
INSERT	Insert_priv	插入表
SELECT	Select_priv	查询表
UPDATE	Update_priv	更新表
CREATE VIEW	Create_view_priv	创建视图
SHOW VIEW	Show_view_priv	查看视图
ALTER ROUTINE	Alter_routine_priv	修改存储过程或存储函数
CREATE ROUTINE	Create_routine_priv	创建存储过程或存储函数
EXECUTE	Execute_priv	执行存储过程或存储函数

权 限 名 称	对应 user 表中的列	权限的范围
FILE	File_priv	加载服务器主机上的文件
CREATE USER	Create_user_priv	创建用户
SUPER	Super_priv	超级权限

2. 创建用户

创建用户可以用 Navicat,也可以用 SQL 语句。

创建用户的语法格式如下。

```
CREATE USER 账户名[ IDENTIFIED BY [ PASSWORD ] '密码' ]
```

语法说明如下。

- 账户名：表示指定创建的用户账户名,格式为 'user_name'@'host_name'。其中,user_name 是用户名;host_name 为主机名,即用户连接 MySQL 时所用主机的名字。如果在创建的过程中只给出了用户名,而没指定主机名,那么主机名默认为"%",表示对所有主机开放权限。
- IDENTIFIED BY 子句：用于指定用户密码。新用户可以没有初始密码。若该用户不设密码,可省略此子句。
- PASSWORD '密码'：PASSWORD 表示使用哈希值设置密码,该参数可选。如果密码是一个普通的字符串,则不需要使用 PASSWORD 关键字。'密码' 表示用户登录时使用的密码,需要用单引号引起来。

3. 用户管理

(1) 修改用户名称。语法格式如下。

```
RENAME USER 原账户名 TO 新账户名;
```

(2) 修改用户密码。

- 用 ALTER USER 命令修改用户密码,语法格式如下。

```
ALTER USER 账户名 IDENTIFIED BY '新密码';
```

- 用 SET PASSWORD 语句修改密码,语法格式如下。

```
SET PASSWORD [FOR 账户名] = '新密码';
```

注意：使用 SET PASSWORD 语句的修改操作有可能会记录到服务器的操作日志或客户端的历史文件中,有密码泄露风险,通常不建议使用。

(3) 删除用户。

使用 DROP USER 可以删除一个或多个用户,语法格式如下。

```
DROP USER 账户名
```

4. 用户权限管理

管理用户权限可以用 Navicat,也可以直接操作权限表,还可以用以下的命令来实现。

（1）查看用户权限。语法格式如下。

```
SHOW GRANT FOR 账户名
```

（2）授予用户权限。语法格式如下。

```
GRANT 权限名称[(列名)][, 权限名称(列名)]ON 权限级别
TO 账户名(WITH OPTION)
```

语法说明如下。

- 权限名称：SELECT、UPDATE、INSERT、DELETE 等数据操作。
- 列名：可以给某一列或多个列指定权限,省略表示为所有列指定权限。
- 权限级别：指定权限级别的语法格式可参考表 7.1。
- 账户名：该参数格式为 user_name@host_name。

（3）收回权限。

- 收回某权限,语法格式如下。

```
REVOKE 权限名称[(列名)] ON 权限级别 FROM 账户名
```

- 收回所有权限,语法格式如下。

```
REVOKE ALL PRIVILEGES,GRANT OPTION FROM 账户名
```

 任务实施

1. Navicat 管理用户权限

（1）查看当前服务器下的用户。启动 Navicat,打开 xk 数据库所在服务器,单击工具栏中的"用户"按钮,进入用户界面,可以查看当前服务器下的用户。默认情况下有四个用户,其中 root 用户是我们常用的超级用户,如图 7.3 所示。

视频 7.1：用 Navicat
管理用户权限

名	SSL 类型	每小时最大查...	每小时最大更...	每小时...	最大用...	超级用户
🔒 mysql.infoschema@localhost		0	0	0	0	否
🔒 mysql.session@localhost		0	0	0	0	是
🔒 mysql.sys@localhost		0	0	0	0	否
🔒 root@localhost		0	0	0	0	是

图 7.3 查看服务器下的用户

（2）新建 zhangsan 用户。单击"新建用户"按钮,进入创建用户界面,设置用户属性如图 7.4 所示。单击"保存"按钮,zhangsan 用户就创建好了。

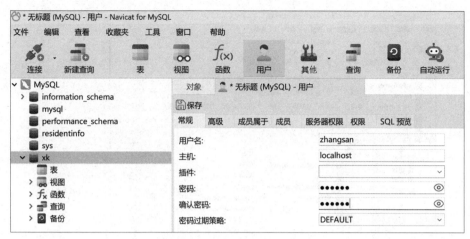

图 7.4　创建 zhangsan 用户

（3）设置 zhangsan 用户的权限，操作步骤如下。

① 在用户界面中右击要编辑的用户 zhangsan@localhost，选择"编辑用户"命令，进入编辑用户界面，如图 7.5 所示。

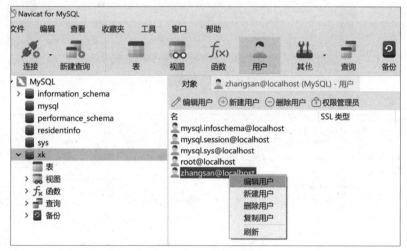

图 7.5　打开编辑用户界面

② 在编辑用户界面中选择"权限"选项卡，单击"添加权限"按钮，在"添加权限"对话框中选择 xk 数据库，选择 Select 和 Show View 两个权限，如图 7.6 所示。单击"确定"按钮，权限设置完成。

（4）检验权限设置情况，操作步骤如下。

① 退出 root 登录，以 zhangsan 身份登录服务器，如图 7.7 所示。

② 在该用户下只能看到 3 个数据库。不能看到存放权限的 mysql 数据库，也无法访问其中的 user 表。但可以查看 xk 数据库及表，如图 7.8 所示。但尝试对表进行插入、更新和删除数据时，被告知没有权限，操作失败，如图 7.9 所示，说明我们设置的权限是有效的。

（5）删除 zhangsan 用户。重新以 root 身份登录服务器，进入用户界面，右击 zhangsan 用户，选择"删除用户"命令，如图 7.10 所示。在弹出的窗口中确认删除，就可以删除用户了。

图 7.6 设置权限

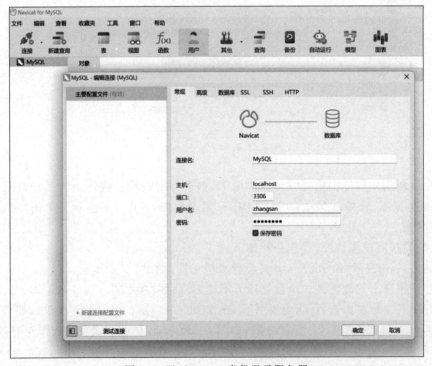

图 7.7 以 zhangsan 身份登录服务器

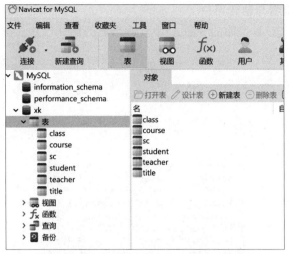

图 7.8　zhangsan 用户可看的数据库及表

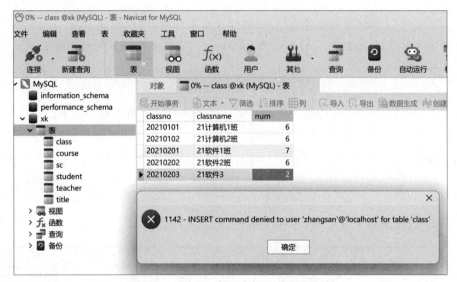

图 7.9　zhangsan 用户无插入数据的权限

图 7.10　删除 zhangsan 用户

2. 用 SQL 语句查看与创建用户

（1）可以在 MySQL 数据库的 user 表中查看当前的用户信息。查询语句如下。

视频 7.2：用 SQL 语句
管理用户

```
SELECT host,user FROM mysql.user
```

结果如图 7.11 所示。这与在 Navicat 图形界面中看见的一样，默认有 4 个用户。

```
+------------+-------------------+
| host       | user              |
+------------+-------------------+
| localhost  | mysql.infoschema  |
| localhost  | mysql.session     |
| localhost  | mysql.sys         |
| localhost  | root              |
+------------+-------------------+
```

图 7.11　查看当前用户

（2）用 SQL 语句创建一个普通用户，只能在本机登录，用户名为 user1，密码为 123456。因为只能在本机登录，所以对应的主机是 localhost。完整创建登录的语句如下。

```
CREATE USER 'user1'@'localhost' IDENTIFIED BY '123456';
```

其中，'user1'@'localhost'为账户名的写法。注意@两边用单引号引起来。
IDENTIFIED BY 'user1' 为用户密码的写法。密码 user1 也要用单引号引起来。
运行完后，在 user 表中查看用户的主机、用户名和密码，语句如下。

```
SELECT host,user,authentication_string FROM mysql.user;
```

可以发现，服务器下多了一个 user1 用户，如图 7.12 所示，其密码被加密显示了。

```
+------------+-------------------+----------------------------------------------------------------------------+
| host       | user              | authentication_string                                                      |
+------------+-------------------+----------------------------------------------------------------------------+
| localhost  | mysql.infoschema  | $A$005$THISISACOMBINATIONOFINVALIDSALTANDPASSWORDTHATMUSTNEVERBRBEUSED      |
| localhost  | mysql.session     | $A$005$THISISACOMBINATIONOFINVALIDSALTANDPASSWORDTHATMUSTNEVERBRBEUSED      |
| localhost  | mysql.sys         | $A$005$THISISACOMBINATIONOFINVALIDSALTANDPASSWORDTHATMUSTNEVERBRBEUSED      |
| localhost  | root              | $A$005$□. B;5okgs□□\□□J□C1□oola6pJgvtZGIG0.dYVESAmKeHQHWBi7WN/Qk1adh1       |
| localhost  | user1             | $A$005$L[3AdNs0□oUq!6UyR.PW2gd43/49RNJKLZFUuWXk9IZV7XgpHR8jXH8gSovK1l/      |
+------------+-------------------+----------------------------------------------------------------------------+
```

图 7.12　服务器下多了 use1 用户

（3）创建名为 user2 和 user3 的用户，密码分别为 123456 和 abcde，其中 user2 只能从本地登录，user3 可以从任意地址登录。

一次可以创建多个用户，用户之间用逗号隔开。user3 可以从任意地址登录，对应的主机可以写作"％"，所以创建用户的语句如下。

```
CREATE USER 'user2'@'localhost' IDENTIFIED BY '123456', 'user3'@'%' IDENTIFIED
BY 'abcdef' ;
```

（4）创建名为 user4 的用户，设置密码过期时间为 30 天。设置密码过期时间可以用

PASSWORD EXPIRE INTERVAL 语句,所以完整的语句如下。

```
CREATE USER 'user4'@'localhost' IDENTIFIED BY '123456' PASSWORD EXPIRE INTERVAL
30 DAY ;
```

查看当前用户,如图 7.13 所示,user4 的密码过期时间(password_lifetime)为 30 天。

```
mysql> SELECT host,user,password_lifetime FROM mysql.user;
+-----------+------------------+-------------------+
| host      | user             | password_lifetime |
+-----------+------------------+-------------------+
| %         | user3            |              NULL |
| localhost | mysql.infoschema |              NULL |
| localhost | mysql.session    |              NULL |
| localhost | mysql.sys        |              NULL |
| localhost | root             |              NULL |
| localhost | user1            |              NULL |
| localhost | user2            |              NULL |
| localhost | user4            |                30 |
+-----------+------------------+-------------------+
```

图 7.13　设置用户密码过期时间

3. SQL 语句修改用户

(1) 修改用户 user1 名称为 zhangsan,且可以从任意主机登录。修改用户名用 RENAME,语句如下。

```
RENAME USER 'user1'@'localhost' TO 'zhangsan'@'%'
```

查看当前的用户,如图 7.14 所示,可以发现之前的 user1 用户变为 zhangsan 用户,登录 host 变成了"%",表示可以从任意主机登录。

```
mysql> SELECT host,user FROM mysql.user;
+-----------+------------------+
| host      | user             |
+-----------+------------------+
| %         | user3            |
| %         | zhangsan         |
| localhost | mysql.infoschema |
| localhost | mysql.session    |
| localhost | mysql.sys        |
| localhost | root             |
| localhost | user2            |
| localhost | user4            |
+-----------+------------------+
```

图 7.14　修改 user1 用户为 zhangsan 用户

(2) 将用户 zhangsan 的密码改为 zhangsan。用 ALTER USER 语句可以修改用户的特征,包括密码,语句如下。

```
ALTER USER 'zhangsan'@'localhost' IDENTIFIED BY 'zhangsan' ;
```

4. 用 SQL 语句管理用户权限

(1) 查看 zhangsan 用户的权限。SHOW GRANTS 语句可用来查看用户权限,语句如下。

视频 7.3：用 SQL 语句管理用户权限

205

```
SHOW GRANTS FOR 'zhangsan'@'localhost'
```

在 MySQL 客户端运行,结果如图 7.15 所示,这说明 zhangsan 用户只有一个登录权限。

```
mysql> SHOW GRANTS FOR 'zhangsan'@'%';
+------------------------------------------+
| Grants for zhangsan@%                    |
+------------------------------------------+
| GRANT USAGE ON *.* TO `zhangsan`@`%`     |
+------------------------------------------+
```

图 7.15 查看用户权限

在 Windows 运行命令中以 zhangsan 用户登录服务器,如图 7.16 所示。

```
C:\Users\afiho>mysql -u zhangsan  -p
Enter password: ******
```

图 7.16 以 zhangsan 用户登录服务器

查看 zhangsan 账户下的数据库,发现只有两个系统数据库可以查看,如图 7.17 所示。

(2) 给 zhangsan 用户授予 xk 数据库中所有表的 SELECT 权限。操作步骤如下。

① 要想给 zhangsan 授予权限,需要重新以 root 用户身份登录服务器,如图 7.18 所示。

```
mysql> SHOW DATABASES;
+--------------------+
| Database           |
+--------------------+
| information_schema |
| performance_schema |
+--------------------+
2 rows in set (0.00 sec)
```

图 7.17 只有登录权限下可查看的数据库

```
C:\Users\afiho>mysql -u root -p
Enter password: ******
```

图 7.18 以 root 账户登录服务器

② 然后用 GRANT 语句给用户授予权限。该权限是数据库级权限,权限写法为"xk.＊"。所以完整的授权语句如下。

```
GRANT SELECT ON xk.＊ TO 'zhangsan'@'%';
```

重新查看 zhangsan 用户的权限,发现权限已经增加,如图 7.19 所示。

```
mysql> GRANT SELECT ON xk.* TO 'zhangsan'@'%';
Query OK, 0 rows affected (0.00 sec)

mysql> SHOW GRANTS FOR 'zhangsan'@'%';
+------------------------------------------+
| Grants for zhangsan@%                    |
+------------------------------------------+
| GRANT USAGE ON *.* TO `zhangsan`@`%`     |
| GRANT SELECT ON `xk`.* TO `zhangsan`@`%` |
+------------------------------------------+
```

图 7.19 给 zhangsan 赋予权限

③ 重新以 zhangsan 用户登录服务器,发现服务器下已经可以查看 xk 数据库,如图 7.20 所示。

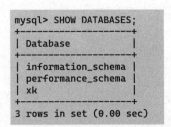

图 7.20　zhangsan 用户可以查看 xk 数据库

④ 然后对表进行操作,发现查询表没有问题,但更新表数据时出现错误,显示没有权限,如图 7.21 所示。

```
mysql>  UPDATE student SET stuname='高管' WHERE stuno='2021010101';
ERROR 1142 (42000): UPDATE command denied to user 'zhangsan'@'localhost'
 for table 'student'
```

图 7.21　zhangsan 没有更新数据的权限

（3）授予用户 user2@localhost 对数据库 xk 在 student 表中 ID、classno、age 三列数据有修改（UPDATE）的权限。可以看出该权限是列级权限,语法表示为"（ID,age,classno）ON xk.student"。语句如下。

```
GRANT UPDATE (ID,age,classno) ON xk.student TO 'user2'@'localhost';
```

查看 user2 的用户权限,发现权限已经更改,如图 7.22 所示。

```
mysql>  GRANT UPDATE (ID,age,classno) ON xk.student TO 'user2'@'localhost';
Query OK, 0 rows affected (0.01 sec)

mysql> SHOW GRANTS FOR 'user2'@'localhost';
+------------------------------------------------------------------------+
| Grants for user2@localhost                                             |
+------------------------------------------------------------------------+
| GRANT USAGE ON *.* TO `user2`@`localhost`                              |
| GRANT UPDATE (`ID`, `age`, `classno`) ON `xk`.`student` TO `user2`@`localhost` |
+------------------------------------------------------------------------+
2 rows in set (0.00 sec)
```

图 7.22　user2 的用户权限

（4）收回 zhangsan 对 xk 数据库表的 select 权限。收回权限采用 REVOKE 语句,具体如下。

```
REVOKE SELECT ON xk.* FROM 'zhangsan'@'%';
```

重新以 zhangsan 用户登录,查看 xk 数据库,发现已经无法查看,说明 zhangsan 对 xk 数据库中的表失去了选择（SELECT）权限,如图 7.23 所示。

（5）收回 user2 用户的所有权限。如果权限很多,可以用 ALL PRIVILEGES 关键字收回账户的所有权限,所以收回权限的语句如下。

```
REVOKE ALL PRIVILEGES,GRANT OPTION FROM 'user2'@'localhost';
```

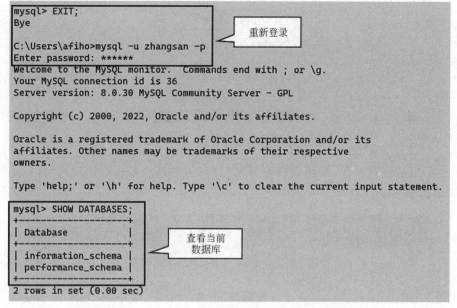

图 7.23　重新查看 zhangsan 账户下的数据库

重新查看 user2 的权限,如图 7.24 所示,发现之前的权限都已经被收回了。

```
mysql> REVOKE ALL PRIVILEGES,GRANT OPTION FROM 'user2'@'localhost';
Query OK, 0 rows affected (0.01 sec)

mysql> SHOW GRANTS FOR 'user2'@'localhost';
+------------------------------------------+
| Grants for user2@localhost               |
+------------------------------------------+
| GRANT USAGE ON *.* TO `user2`@`localhost` |
+------------------------------------------+
```

图 7.24　user2 的权限被收回

5. 用 SQL 语句删除用户

zhangsan 和 user2 用户不再应用时可以一次性删除,语句如下。

```
DROP USER 'zhangsan'@'%','user2'@'localhost';
```

查看 user 表,会发现这两个用户已经不存在,如图 7.25 所示。

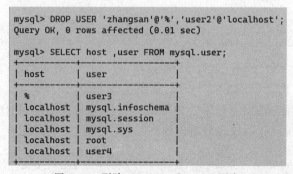

图 7.25　删除 zhangsan 和 user2 用户

巩固提高

(1) 总结用户权限的概念及实现方法,将内容填入表 7.3 中。

表 7.3　用户权限总结

知　识　点	概念(语法)	举　　例
用户的分类		
用户的创建方法		
用户的修改方法		
权限的分级		
授予权限		
收回权限		

(2) 分别用 Navicat 和 SQL 语句两种方式实现下列操作。

① 在服务器下创建用户名为 user1 的用户,并只能本地登录。

② 修改用户密码为 123456。

③ 给该用户设置权限,使之可以查询 xk 数据库中的表。

④ 继续给用户授予可以更新 course 表中的 coursename 列的权限。

⑤ 查看当前服务器下的用户以及它们的权限.

⑥ 尝试以 user1 用户登录服务器,检验设置的权限是否有用。

⑦ 重新以 root 用户登录,收回授予的权限。

⑧ 删除 user1 用户。

任务 7.2　备份与恢复数据库

任务导学

任务描述

用 Navicat 和 SQL 命令两种方式备份和恢复选课系统数据库数据,并对其中的表进行数据的导入/导出操作。

学习目标

• 能够说明数据备份的概念和分类。

• 能够描述数据恢复的概念。

• 能够用 Navicat 和 SQL 命令完成数据库的备份和恢复。

• 能够用 Navicat 和 SQL 命令完成数据的导入/导出。

知识准备

1. 数据备份的概念和分类

数据备份就是对应用的数据库建立相应的副本,包括数据库结构、对象和数据。

根据备份的数据集合的范围,备份可分为完全备份、增量备份和差异备份。

- 完全备份是指对某一个时间点上的所有数据和应用进行完全复制。备份数据完整,恢复操作简单,但占用太多磁盘空间,备份时间长。
- 增量备份是指备份自上次完全备份或最近一次增量备份后改变的内容,没有重复备份数据,所需备份时间短,但恢复数据较麻烦。
- 差异备份是指在一次全备份后到进行差异备份的这段时间内,对那些增加或修改文件的备份。备份时间比完全备份短,恢复时只需对第一次全备份和最后一次差异备份进行恢复即可,所以恢复时间较短。

根据数据备份时数据库服务器的在线情况来划分,数据备份分为热备份、温备份和冷备份。

- 热备份是指数据库在线正常运行情况下进行的备份。
- 温备份是指进行备份时,服务器在运行,但只能读而不能写。
- 冷备份是进行备份时,数据库已经正常关闭。

2. 备份的方法

(1) 用 Navicat 图形界面管理工具备份。可以用 Navicat 实现数据库的备份与还原操作,具体步骤见任务实施部分。

(2) 用 MYSQLDUMP 命令备份。该方式可以将表导出成.sql 脚本文件。该文件包含多个 CREATE 和 INSERT 语句,使用这些语句可以重新创建表并插入数据,适用于不同版本之间数据的转换,这是常用的备份方法。语法格式如下。

- 只备份一个数据库:

```
MYSQLDUMP [选项] 数据库名 [表名 1][表名 2]...> 脚本文件名
```

- 备份多个数据库:

```
MYSQLDUMP [选项] --databases 数据库名 1 [数据库名 2...] > 脚本文件名
```

- 备份所有数据库:

```
MYSQLDUMP [选项] --all-databases > 脚本文件名
```

其中,"脚本文件名"为导出的脚本文件,类型为.sql 文件;"[选项]"是指备份的服务器状态和信息,常用选项如表 7.4 所示。

表 7.4　常用备份选项说明

选 项 名 称	缩写	说　明
--host	-h	服务器 IP 地址,本机可省略
-- user	-u	MySQL 登录用户名
--password	-p	登录用户密码
--port	-P	端口号,默认为 3306
-- lock-tables		备份前锁定所有数据表
-- force		备份错误时,继续执行操作

210

选 项 名 称	缩 写	说　　　明
--default-character-set		设置默认字符集
--add-locks		备份表时锁定表
--comments		添加注释信息

（3）采用复制方式备份数据库。因为 MySQL 表保存为文件方式，所以可以通过直接复制 MySQL 数据库的存储目录及文件进行数据库备份。在 Windows 平台下，MySQL 8.0 存放数据库的目录默认为"C:\ProgramData\MySQL\MySQL Server 8.0\Data"。关闭服务器，将此目录下的数据库文件直接复制到目标位置即可。

这种方法最简单，速度也最快，但使用该方法时最好先停止服务器。如果不停止服务器，则需对相关表执行 LOCK TABLES 操作，进而对表执行 FLUSH TABLES 操作。另外此方法对于使用 InnoDB 存储引擎的表并不适用，不同版本之间也可能不兼容，所以一般不建议采用。

3. 数据恢复

数据恢复的方法有以下三种。

（1）使用 Navicat 图形界面管理工具。

（2）使用 MySQL 命令恢复数据，语法如下。

```
MYSQL -u用户名 -p密码 [数据库名]< 脚本文件名
```

其中，"脚本文件名"表示备份文件的物理地址。

（3）通过复制文件的方式恢复数据。但这种方式对于 InnoDB 存储引擎的表不适用，且不同版本之间也可能不兼容。

4. 数据导入与导出

MySQL 数据库不仅提供数据库的备份和恢复方法，还可以直接通过导入/导出数据实现对数据的迁移。MySQL 中的数据可以导出到外部存储文件中，也可以导出成文本文件、XML 文件或者 html 文件等。这些类型的文件也可以导入至 MySQL 数据库中。

可以用 Navicat 或 SQL 语句实现数据的导出和导入，以下是 SQL 命令实现导入/导出的语法格式。

（1）SELECT...INTO OUTFILE 语句导出数据。语法格式如下。

```
SELECT 列名 FROM 表名 [WHERE 条件表达式]
INTO OUTFIEL '目标文件名'
[选项]
```

其中，常用的选项如下。

- FIELDS TERMINATED BY'value'：设置字段的分隔符，默认值是"\t"
- FIELDS ESCAPED BY'value'：设置转义字符，默认值为"\"
- LINES TERMINATED BY'value'：设置每行数据结尾的字符，默认值为"\n"。

（2）使用 LOAD DATA 语句导入数据。语法格式如下。

```
LOAD DATA INFILE 导入数据文件名
INTO TABLE 导入表名
```

 任务实施

1. 用 Navicat 备份恢复数据库

(1) 用 Navicat 备份 xk 数据库的步骤如下。

① 启动 Navicat,打开 xk 数据库所在服务器,右击 xk 数据库下的
"备份"对象,选择"新建备份"命令,如图 7.26 所示。

视频 7.4:用 Navicat
备份恢复数据库

图 7.26　选择"备份"

② 在"新建备份"对话框中选择"高级"选项卡,选择"使用指定的文件名"复选框并在对
应的文本框中输入备份数据库文件名 xk,如图 7.27 所示。

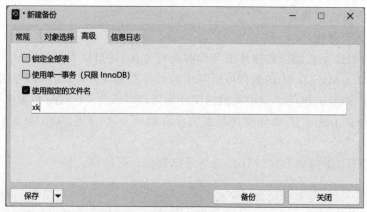

图 7.27　新建备份中设置高级选项

③ 单击"备份"按钮开始备份。备份完成后,单击"保存"按钮,在弹出的"另存为"对话
框中输入文件名 xk,单击"保存"按钮,备份完成,如图 7.28 所示。

④ 查看备份对象,会发现其中有两个 xk 文件。右击,选择"打开所在的文件夹"命令,
会打开备份文件和配置文件所在的文件夹,如图 7.29 所示,这样备份数据库就完成了。

(2) 假设 xk 数据库受到损害,可以用 Navicat 从备份中重新恢复数据库,步骤如下。

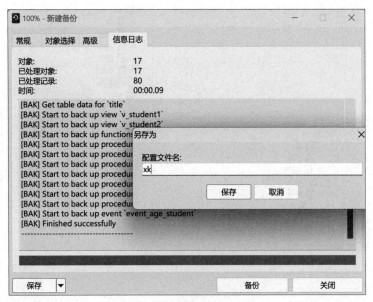

图 7.28　设置备份配置文件

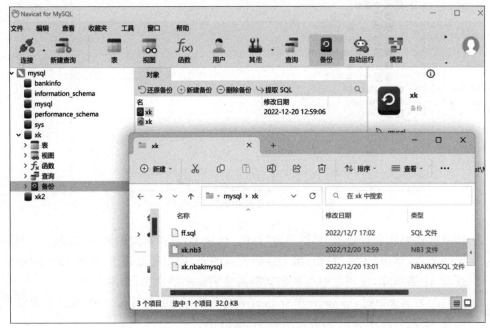

图 7.29　备份文件所在的文件夹

① 在服务器下重建 xk 数据库，其中的表数据都不存在，如图 7.30 所示。

打开 xk 数据库下的"备份"节点，发现备份文件 xk 依然存在。右击备份文件 xk，选择"还原备份"命令，如图 7.31 所示。

② 进入"xk-还原备份"对话框，单击"对象选择"选项卡，可以选择需要还原的对象。这里需要全部还原，则选择所有，如图 7.32 所示。

图 7.30   新建受损数据库 xk   图 7.31   还原 xk 数据库

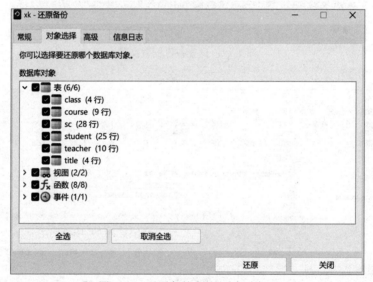

图 7.32   还原备份中的"对象选择"

③ 如果对还原状态有要求,可以单击"高级"选项卡,选择需要的选项,如图 7.33 所示。

④ 选好之后,单击"还原"按钮,确定还原所有的表,完成还原备份,如图 7.34 所示。

⑤ 查看 xk 数据库,发现之前的数据又都恢复到原来的状态,如图 7.35 所示。

(3) 将 xk 数据库中的 course 表和 student 表备份到新建数据库 xk2 中,操作步骤如下。

① 先在 xk 数据库中备份 course 表和 student 表。

在 xk 中新建备份,在"对象选择"中选择需要备份的两个表 course 表和 student 表。然后单击"保存"按钮,文件名设置为 xk_course_student,在"高级"选项卡中也选择指定文件名为 xk_course_student,如图 7.36 所示。

② 新建 xk2 数据库,右击 xk2 数据库中的"备份"对象,选择"还原备份从"命令,如图 7.37 所示。

③ 选择备份文件 xk_course_student.nb3(备份文件存放的路径可在 xk 数据库备份中查看),单击"打开"按钮,如图 7.38 所示。

图 7.33 还原备份中的"高级"选项

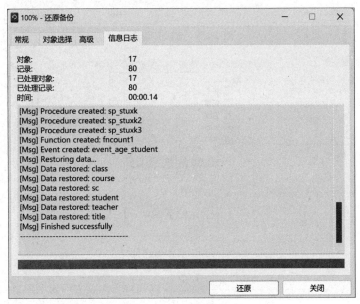

图 7.34 还原备份完成

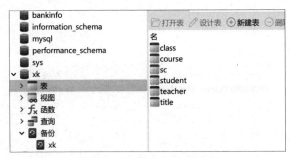

图 7.35 恢复后的 xk 数据库

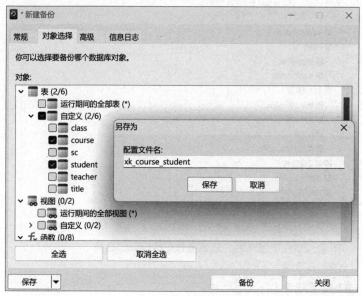

图 7.36 选择备份表

图 7.37 从备份还原

图 7.38 选择备份文件

④ 进入"还原备份"界面,选择需要还原的对象为表,单击"还原"按钮,还原完成,如图 7.39 所示。

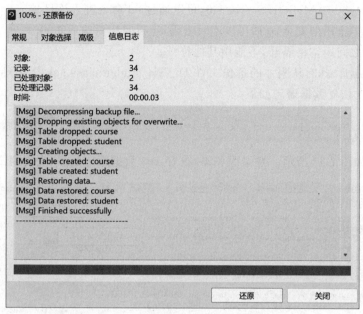

图 7.39　还原两个表到 xk2 数据库

⑤ 还原完成后,查看 xk2 数据库,发现 xk 中的两个表 course 和 student 已经备份到该数据库中,如图 7.40 所示。

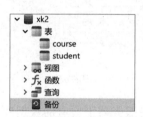

图 7.40　完成数据恢复的 xk2 数据库

2. 用命令方式备份/恢复数据库

(1) 以命令方式备份 xk 数据库中的 student 和 class 表数据,并将其恢复到新建数据库 xk3 中,操作步骤如下。

① 以 root 用户身份备份 xk 数据库下的 student 表和 class 表。语句如下。

视频 7.5:用命令方式
备份/恢复数据库

```
MYSQLDUMP -h localhost -u root -p xk student class>d:\xk_studentclass.sql
```

执行情况如图 7.41 所示。

```
C:\Program Files\MySQL\MySQL Server 8.0\bin>MYSQLDUMP -h localhost -u root
-p xk student class>d:\xk_studentclass.sql
Enter password: ******
```

图 7.41　执行备份 xk 数据库命令

在书写命令时需要注意的事项如下。

- 该命令运行的位置为安装 MySQL 时 bin 文件所在的位置,此处是 C:\Program Files\MySQL\MySQL Server 8.0,可以通过 cd 命令进入该目录。
- 为了保护密码的安全,p 后可以不写密码,运行完毕后输入密码。
- 两个表之间用空格隔开,不能用其他符号。

② 新建数据库 xk3,从刚才的备份文件 D:\xk_studentclass.sql 中给 xk3 数据库恢复两个表的数据。恢复数据语句如下。

```
MYSQL -h localhost -u root -p xk3<d:\xk_studentclass.sql
```

执行结果如图 7.42 所示。登录服务器,查看 xk3 数据库中的表,发现两个表已经存在。

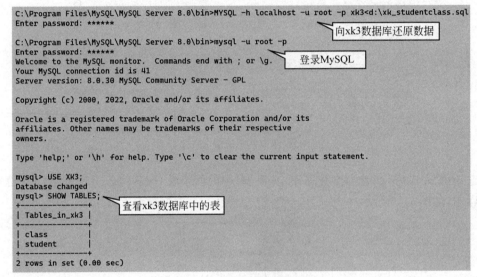

图 7.42 还原 xk3 数据库

(2) 以 MySQL 命令方式备份服务器下所有的数据库,并从中恢复 xk2 数据库。

① 备份所有数据库用到"--all-databases"命令,完整的语句如下。

```
MYSQLDUMP -h localhost -u root -p --all -databases >D:\all.sql
```

执行结果如图 7.43 所示。

```
C:\Program Files\MySQL\MySQL Server 8.0>MYSQLDUMP -h localhost -u root -p --all-databases>d:\all.sql
Enter password: ******
```

图 7.43 备份所有数据库

② 还原 xk3 数据库。

```
MYSQL -h localhost -u root -p xk3<d:\all. sql
```

执行结果如图 7.44 所示。

```
C:\Program Files\MySQL\MySQL Server 8.0>MYSQL -h localhost -u root -p xk3<D:\all.sql
Enter password: ******
```

图 7.44 从备份文件中还原 xk3 数据库

视频 7.6：数据的
导入/导出

3. 用 Navicat 实现数据的导入/导出

（1）将 xk 数据库 student 表中的数据导出为文本文件，操作步骤如下。

① 启动 Navicat，连接 xk 数据库所在的服务器。右击 students 表，选择"导出向导"命令，进入导出向导界面。选择"文本文件（＊.txt）"，如图 7.45 所示。

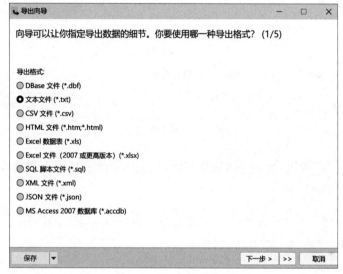

图 7.45 导出格式选择

② 单击"下一步"按钮，进入导出对象选择界面，选择 student 表，并设置导出路径，如图 7.46 所示。

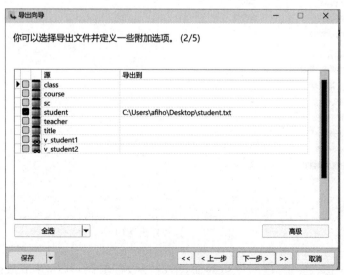

图 7.46 导出路径选择

③ 单击"下一步"按钮,进入列的选择界面,选择所有的列,如图 7.47 所示。

图 7.47　导出列选择

④ 单击"下一步"按钮,进入导出选项界面,设置字段的分隔符为制表符,文本限定符为双引号,如图 7.48 所示。

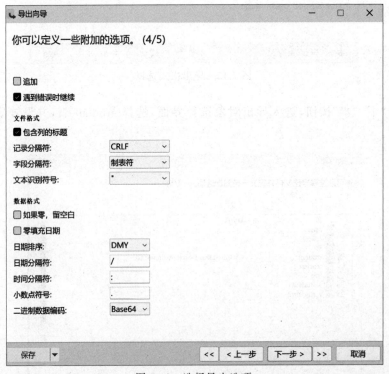

图 7.48　选择导出选项

⑤ 单击"下一步"按钮,进入导出界面,单击"开始"按钮,开始导出数据,如图 7.49 所

示。完成后,可单击打开按钮查看导出的文本文件,如图 7.50 所示。至此,student 表数据导出成功。

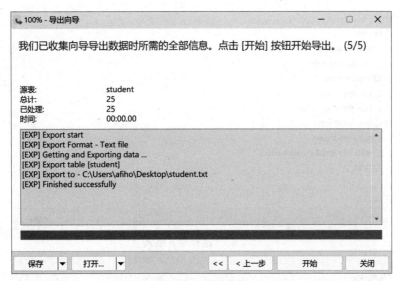

图 7.49　导出数据

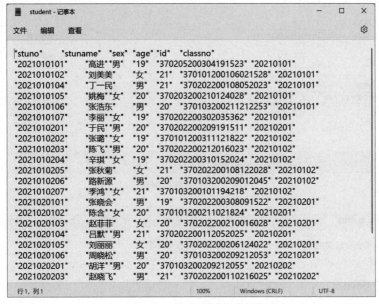

图 7.50　导出的文本文件

(2) 用 Navicat 将导出的文本文件 student.txt 导入新建的 xk4 数据库中形成数据表 student,操作步骤如下。

① 新建 xk4 数据库。在 xk4 数据库下右击"表",选择"导入向导"命令,进入"导入向导"界面后,选择导入类型为"文本文件(＊.txt)",如图 7.51 所示。

② 单击"下一步"按钮,进入数据源的选择界面,选择 student.txt 文件,如图 7.52 所示。

③ 单击"下一步"按钮,选择合适的分隔符,如图 7.53 所示。

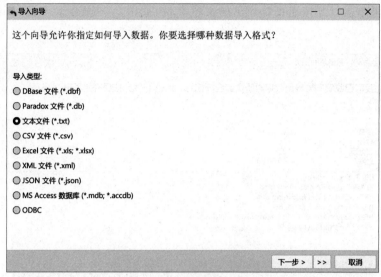

图 7.51   选择导入格式

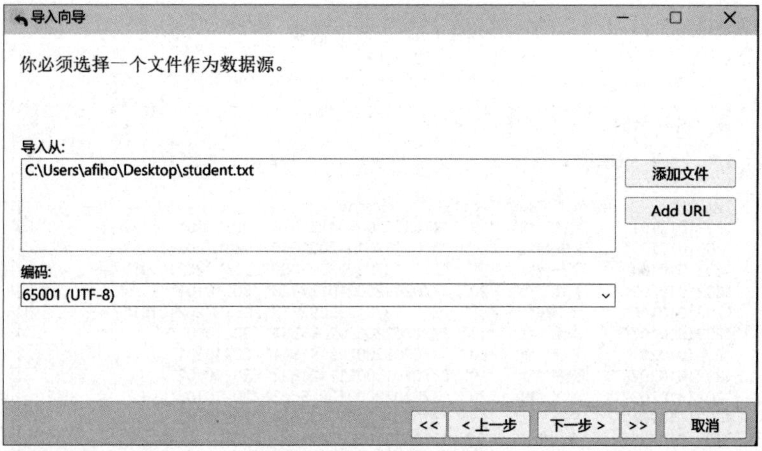

图 7.52   选择数据源

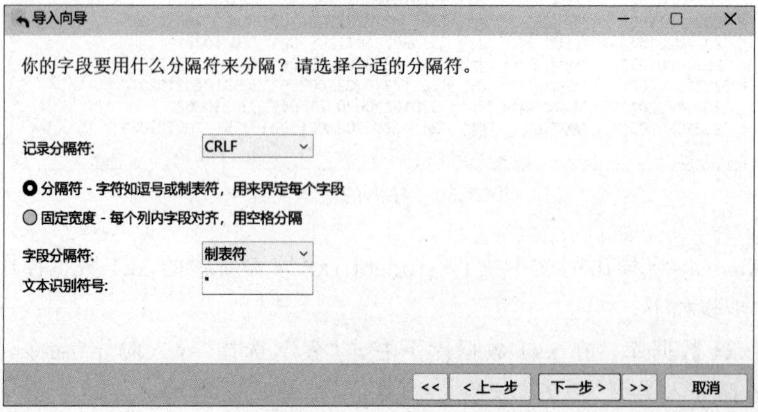

图 7.53   设置分隔符

④ 单击"下一步"按钮,设置附加选项,如图 7.54 所示。

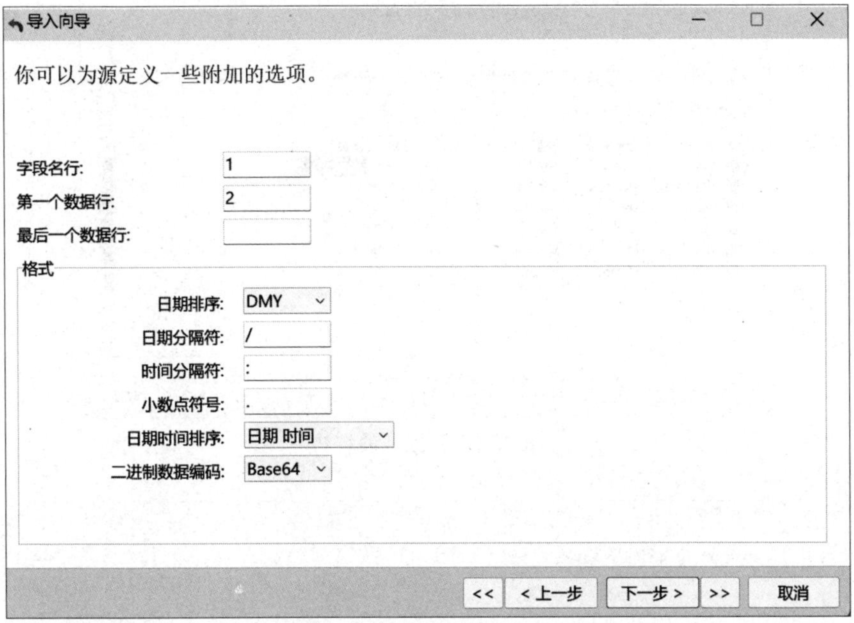

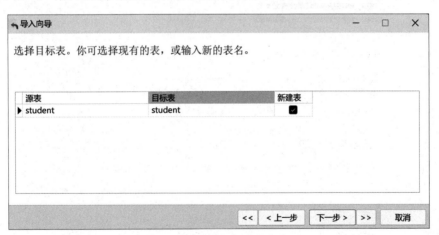

图 7.54　设置附加选项

⑤ 单击"下一步"按钮,确定目标表的名字,如图 7.55 所示。

图 7.55　确定目标表的名字

⑥ 单击"下一步"按钮,调整表的具体结构。为了更好地使用该表,需要调整列的数据类型,并给表添加主键,如图 7.56 所示。

⑦ 单击"下一步"按钮,进入导入模式的选择,选择追加模式,如图 7.57 所示。

⑧ 单击"下一步"按钮,进入导入数据界面,单击"开始"按钮开始导入数据,如图 7.58 所示。导入完成后,单击"关闭"按钮,数据就导入成功了。

⑨ 查看 xk4 数据库,发现数据库中已经存在 student 表。打开表,查看数据是完好的,如图 7.59 所示。

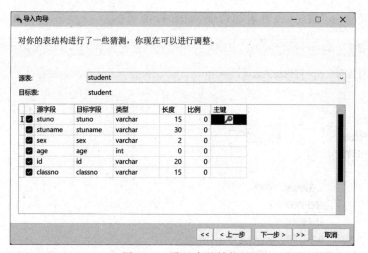

图 7.56 设置表的结构

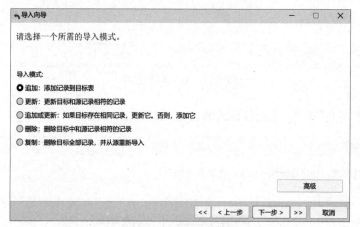

图 7.57 选择导入模式

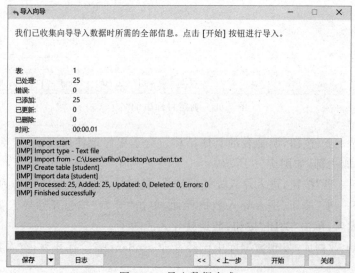

图 7.58 导入数据完成

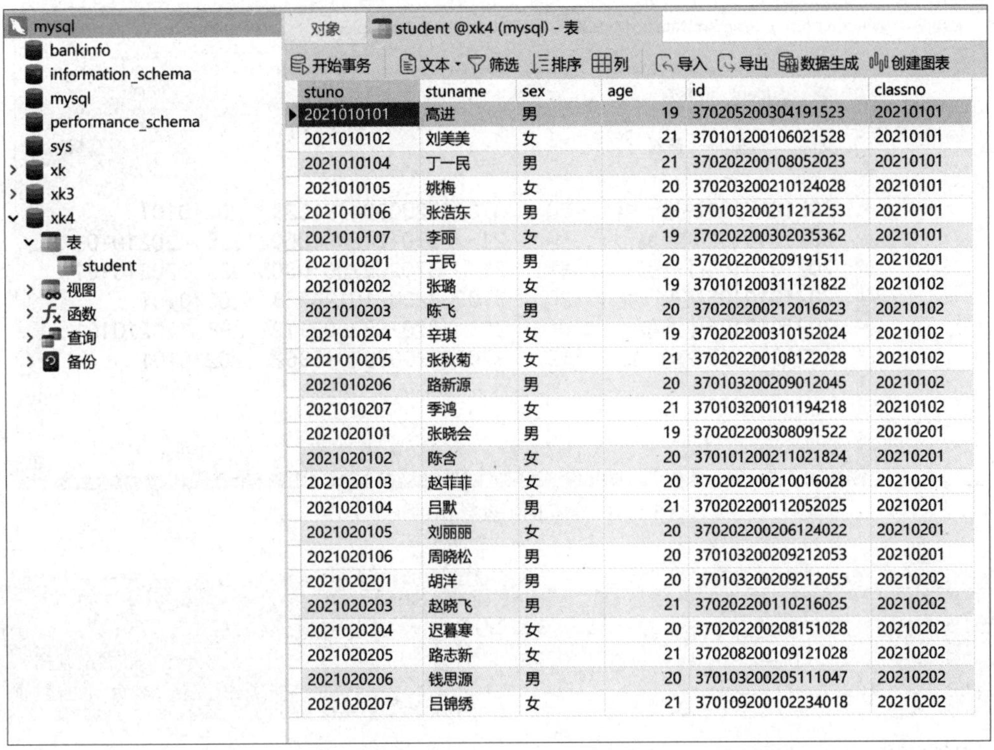

图 7.59　查看 xk4 中的 student 表

4. 用 SQL 语句导入/导出数据

（1）用 SQL 语句将 xk 数据库 student 表中 classno 是 20210101 的数据导出到 student1.txt 中。

可以首先用 SELECT 语句查询出 student 表中对应的数据，然后使用 INTO OUTFILE 命令将其导出到目标文件 student.txt 中，其中目标文件的物理位置是 MySQL 默认文件的导出位置。语句如下。

```
SELECT * FROM student WHERE classno='20210101' INTO OUTFILE'
C:\\ProgramData\\MySQL\\MySQL Server 8.0\\Uploads\\student.txt';
```

执行结果如图 7.60 所示。

```
mysql> Select * from student where classno='20210101' into outfile
'C:\\ProgramData\\MySQL\\MySQL Server 8.0\\Uploads\\student.txt';

Query OK, 6 rows affected (0.01 sec)
```

图 7.60　导出 student 表的数据

执行完成后，在目标文件夹中找到 student.txt 文件，打开的结果如图 7.61 所示。

（2）用 SQL 命令将 studet.txt 文件中的数据导入 xk 数据库的新建表 student2 中（student2 表的结构与 student 表相同）。

首先，可以通过复制 student 表结构的方式，在 xk 数据库中新建 student2 表，然后利用 LOAD DATA 语句将文件数据导入 student2 表中，语句如下。

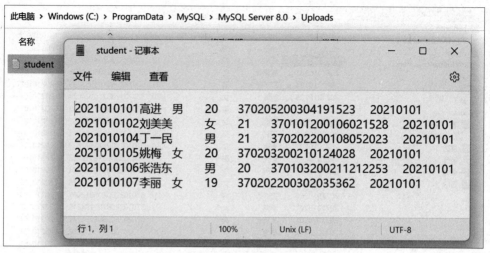

图 7.61　student 表导出的 txt 文件

```
CREATE TABLE student2 SELECT * FROM student WHERE false;  ——创建 student2 表
LOAD DATA INFILE 'C:\\ProgramData\\MySQL\\MySQL Server 8.0\\Uploads\\student.
txt' INTO TABLE xk.student2;                              ——向 student2 表导入数据
SELECT * FROM student2;                                   ——查看 student2 表中的数据
```

执行结果如图 7.62 所示。可以看出 student.txt 中的数据已经导入 student2 表中。

```
mysql> CREATE TABLE student2 SELECT * FROM student WHERE false;
Query OK, 0 rows affected (0.01 sec)
Records: 0  Duplicates: 0  Warnings: 0

mysql>  LOAD DATA INFILE 'C:\\ProgramData\\MySQL\\MySQL Server 8.0\\Upl
ads\\student.txt' into table xk.student2;
Query OK, 6 rows affected (0.00 sec)
Records: 6  Deleted: 0  Skipped: 0  Warnings: 0

mysql> SELECT * FROM student2;
+------------+----------+-----+------+--------------------+----------+
| stuno      | stuname  | sex | age  | id                 | classno  |
+------------+----------+-----+------+--------------------+----------+
| 2021010101 | 高进     | 男  | 20   | 370205200304191523 | 20210101 |
| 2021010102 | 刘美美   | 女  | 21   | 370101200106021528 | 20210101 |
| 2021010104 | 丁一民   | 男  | 21   | 370202200108052023 | 20210101 |
| 2021010105 | 姚梅     | 女  | 20   | 370203200210124028 | 20210101 |
| 2021010106 | 张浩东   | 男  | 20   | 370103200211212253 | 20210101 |
| 2021010107 | 李丽     | 女  | 19   | 370202200302035362 | 20210101 |
+------------+----------+-----+------+--------------------+----------+
```

图 7.62　将 .txt 文件数据导入 student2 表中

 巩固提高

(1) 总结备份与恢复的方法,将内容填入表 7.5 中。

表 7.5　备份与恢复方法的总结

知　识　点	概念(语法)	举　　例
备份数据的方法		
恢复数据的方法		
数据导入/导出的方法		

(2) 用 Navicat 和 SQL 命令两种方法备份并恢复 xk 数据库

(3) 将 xk 数据库中的 course 表导出成文本格式 course.txt。

(4) 将文本格式的 course 表以名为 course2 导入 xk 数据库中。

同步实训 7　维护学生党员发展管理数据库的安全性

1. 实训描述

通过用定义和管理新用户并设置相应权限的方式维护数据库的管理权限安全,同时通过备份恢复数据库和对相关数据的导入/导出,实现学生党员发展管理数据库数据安全维护。

2. 实训要求

(1) 用 Navicat 或 SQL 语句在服务器下创建一个名为 guest 的用户。

(2) 修改 guest 用户的密码,并设置其权限,使之可以查询学生党员发展管理数据库。

(3) 用 Navicat 备份学生党员发展管理数据库,并用此备份文件在其他服务器下恢复该数据库。

(4) 将学生党员发展管理数据库中的学生信息表导出成.txt 格式。

(5) 将此.txt 格式的学生信息表导入新建的学生党员管理数据库 2 中,并查看数据导入情况。

项目小结

本项目以安全维护管理选课系统数据库为目标,通过管理数据库用户及其权限、备份数据库、导入与导出数据等具体任务的实施,使读者能够用 Navicat 和 SQL 语句两种方法进行数据库的安全管理与维护等相应操作,并对数据的安全管理有了更加具体的认识。

学习成果达成测评

项目 名称	安全管理维护选课系统数据库		学时	6	学分	0.3
安全 系数	1级	职业能力	数据库的安全管理维护		框架 等级	6级
序号	评价内容	评 价 标 准				分数
1	数据安全性概念	熟悉实现数据库安全的方法				
2	用户与权限概念	熟悉用户的分类、权限的分类				
3	创建用户	能够用 Navicat 和 SQL 语句两种方式定义用户				
4	修改用户	能够用 Navicat 和 SQL 语句两种方式修改密码和用户名等属性				
5	设置用户权限	能够用 Navicat 和 SQL 语句两种方式正确授予和收回权限				
6	备份概念	熟悉备份的概念、分类和备份的方法				
7	备份方法	能够用 Navicat 和 SQL 语句两种方式创建备份				
8	恢复数据方法	能够用 Navicat 和 SQL 语句恢复数据				
9	导入导出数据	能够用 Navicat 和 SQL 语句两种方式实现多种数据格式的导入/ 导出				
	项目整体分数(每项评价内容分值为 1 分)					
考核 评价	指导教师评语					

项目自测

一、知识自测

1. 以下选项中不属于权限表的是(　　　)。

　A. user　　　　　　　　B. db　　　　　　　　C. table_priv　　　　D. db_priv

2. 创建和删除用户的命令分别是(　　　)。

　A. CREATE user 和 DROP user

　B. CREATE user 和 DELETE user

　C. ADD user 和 DROP user

　D. ALTER user 和 DROP user

3. 给用户授权和撤销权限的命令分别是(　　　)。

　A. GRANT 和 DROP GRANT　　　　　B. GRANT 和 REVOKE

　C. ADD GRANT 和 REVOKE　　　　　D. ADD GRANT 和 DROP GRANT

4. 下面(　　)是在某一次备份的基础上,只备份其后数据的变化。

　　A. 完全备份　　　　B. 增量备份　　　　C. 差异备份　　　　D. 表备份

5. 备份数据库的命令是(　　)。

　　A. MYSQLDUMP　　B. MYSQL　　　　C. COPY　　　　　D. BACKUP

6. 实现 MySQL 导入数据的命令是(　　)。

　　A. MYSQLDUMP　　　　　　　　　B. MYSQLIMPORT

　　C. BACKUP　　　　　　　　　　D. RETURN

7. 恢复数据库的命令是(　　)。

　　A. MYSQLDUMP　　B. MYSQL　　　　C. RETURN　　　　D. BACKUP

8. 用户的身份由(　　)来决定。

　　A. 用户的 IP 地址和主机名

　　B. 用户的用户名和密码

　　C. 用户的 IP 地址和使用的用户名

　　D. 用户用于连接的主机名和使用的用户名密码

二、技能自测

1. 使用 Navicat 在该服务器下创建一个用户,并修改该用户的密码。

2. 配置该用户的权限,使之可以查阅该服务器下的某个数据库的数据。

3. 将数据库中的所有数据备份到一个 U 盘中。

4. 利用 U 盘中的备份文件恢复数据库到另一个服务器中。

5. 导出数据库中某张表的数据。

6. 将导出的数据表有选择地导入另一个数据库中。

学习成果实施报告

请填写下表,简要总结在本项目学习过程中完成的各项任务,描述各任务实施过程中遇到的重点、难点以及解决方法,并谈谈自己在项目中的收获与心得。

题目					
班级		姓名		学号	
任务学习总结(建议画思维导图):					
重点、难点及解决方法:					

续表

举例说明在知识技能方面的收获:		
举例谈谈在职业素养等方面的思考和提高:		
考核评价(按 10 分制)		
教师评语:	态度 分数	
	工作 分数	

项目 8　综合实训　超市信息管理系统数据库开发

项目目标

知识目标：

(1) 巩固数据库基本理论知识。

(2) 巩固创建实施应用数据库的相关语句和用法。

能力目标：

(1) 能够结合实际情况设计数据库并根据数据库相关理论规范化关系模型。

(2) 能够用 SQL 命令登录服务器，并能结合实际创建数据库、表和约束以及正确操作表数据。

(3) 能够结合实际分析并创建索引和视图，实现优化查询；创建和执行存储过程和触发器实现既定任务。

(4) 能够进行用户权限管理，备份/恢复数据库。

素质目标：

(1) 提升技术服务意识，增强理论联系实际，结合实际分析解决问题的能力。

(2) 培养结合具体问题主动深入学习的意识。

(3) 继续培养认真、细致、准确的代码书写习惯。

项目情境

超市是我们日常生活中必不可少的去处，超市的管理会影响我们的购物体验，也会影响超市的运行效率与经济效益。随着计算机技术的发展，数据库管理进入了生活的各个方面。多数大中型超市都已经引入了数据库管理系统。好的数据库管理可以提高超市的运行效率。通过数据采集处理，以及更深入的数据挖掘等技术，还能够辅助超市，提高管理与决策水平。

在本项目中，我们将遵循数据库开发的六个步骤，完成一个超市信息管理系统数据库的设计与实施。通过三个任务，强化数据设计、数据库实施和数据库应用管理等基础知识和基本技能，提升数据库综合应用能力，达到学以致用的目的。

本项目任务开发内容与顺序如图 8.1 所示。

学习建议

• 本项目可作为综合复习实训项目，由读者自主完成。

• 三个任务涉及的案例只是部分典型案例，在项目实施过程中，读者可根据实际情况，自己添加相关任务要求，以达到对之前所学知识技能全面总结、巩固、提升的目的。

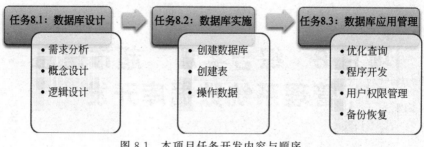

图 8.1　本项目任务开发内容与顺序

任务 8.1　数据库设计

1. 需求分析

（1）分析超市信息管理系统的组织结构。组织结构是用户业务流程与信息的载体,对分析人员理解超市信息及确定系统范围具有很好的帮助。根据对超市管理的调研,超市管理系统可分为两部分:商品的管理和员工的管理。商品的管理又分为销售管理和供货管理,所以超市信息管理组织结构如图 8.2 所示。

图 8.2　超市信息管理组织结构图

视频 8.1:数据库
设计

（2）分析超市信息管理系统功能需求。根据图 8.2 进一步分析系统的功能,本系统主要完成的功能有六种:管理员工信息,管理商品信息,管理供货商信息,管理客户信息,管理销售信息和管理供货信息。

（3）绘制超市信息管理系统数据流图。再进一步,我们来研究系统的信息流向,形成数据流图,如图 8.3 所示。

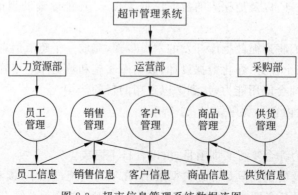

图 8.3　超市信息管理系统数据流图

其中,与本项目相关的超市部门有人力资源部、运营部以及采购部。人力资源部对员工进行管理,同时形成了员工信息。采购部负责管理商品的采购,形成采购信息。运营部负责商品的销售和管理,以及对客户的管理,对客户管理形成客户信息。在销售管理中需要参考员工信息,在商品管理中需要参考采购信息,同时,它生成的销售信息和商品信息也会被其他部门参考。

2. 概念设计

(1) 标识系统中的实体、属性及主键。系统中的实体有员工、商品、客户、供货商。它们的属性以及主键如下。

- 员工(工号、姓名、性别、电话)　PK 为工号
- 客户(客户编号、客户姓名、地址、电话)　PK 为客户编号
- 商品(商品编号、商品名称、成本价、单价、商品类别)　PK 为商品编号
- 供货商(供应商编号、供货商名称、电话、地址)　PK 为供货商编号

(2) 画出实体 E-R 图。根据标识的实体特性,画出实体对应 E-R 图,如图 8.4 所示。

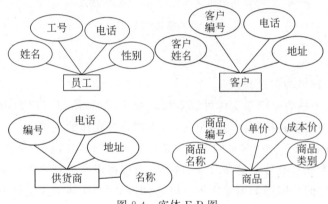

图 8.4　实体 E-R 图

(3) 分析实体之间的联系。分析超市信息管理系统实体之间的联系,可以发现实体之间有三个联系。

① 员工与商品的多对多的销售联系,在这个联系中会产生对应的属性,例如销售日期和销售数量,所以对应的 E-R 图如图 8.5 所示。

② 客户与商品的多对多的订购联系。与销售联系相似,该联系对应的属性也有订购日期和订购数量,所以 E-R 图如图 8.6 所示。

③ 供货商与商品间的多对多的供货联系,同样的,它也有属性是供货日期和数量,E-R 图如图 8.7 所示。

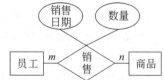

图 8.5　员工与商品联系 E-R 图

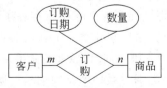

图 8.6　客户与商品联系 E-R 图

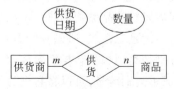

图 8.7　供货商与商品联系 E-R 图

（4）画出整体的 E-R 图。把上面画的局部 E-R 图组合起来,合成整个系统的完整 E-R 图,如图 8.8 所示。至此,概念设计就完成了。

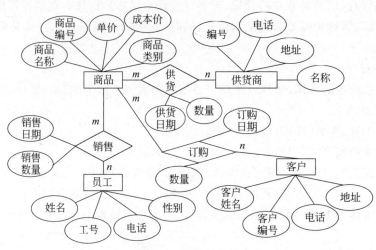

图 8.8　整体 E-R 图

3. 逻辑设计

（1）将 E-R 图转换为关系模式。

E-R 图转换为关系的原则是实体可以直接转换为关系,所以对应的四个实体,即员工、商品、客户和供货商可以直接转换为四个关系,主键就是实体的主键。

对于 E-R 图中的联系为一对多的联系,需要在多方创建外键,对于多对多的联系需要单独建立关系,三个联系显然都是多对多的联系,所以都需要分别单独转换为关系。在这三个关系中,我们给它们分别添加编号作为主键,同时把两个实体的主键设为该关系的外键。

所以最后四个实体以及三个联系转换成了 7 个关系如下。

- 员工(工号,姓名,性别,电话)
- 商品(商品编号,商品名称,单价,成本价,商品类别)
- 客户(客户编号,客户姓名,地址,电话)
- 供货商(供货商编号,名称,电话,地址)
- 销售(销售编号,工号,商品编号,销售日期,销售数量)　FK 为工号、商品编号
- 订购(订单编号,客户编号,商品编号,购买日期,购买数量)　FK 为客户编号、商品编号
- 供货(供货编号,商品编号,供货商编号,数量,价格,供货日期)　FK 为商品编号,供货商编号

（2）关系规范化设计。关系设计好后,我们需要用范式来规范我们的设计。通过规范设计,发现需要给商品类别创建一个编号,如果这样,那么在商品关系中就存在了传递函数依赖关系,不满足三范式,所以我们需要将商品类别单独拿出来建立一个新的关系,该关系有两列,分别是类别编号和类别名称,其中,类别编号为主键。同时,原来商品关系中的类别名称就变成了类别编号,可以将它设为外键,参考商品类别关系中的类别编号。所以,最后规范化后的关系模型包含 8 个关系,分别是员工、商品、客户、供货商、销售、订购、供货和商

品类别。具体关系模式如下。

- 员工(<u>工号</u>,姓名,性别,电话)
- 商品(<u>商品编号</u>,商品名称,单价,成本价,类别编号)　FK 为类别编号
- 客户(<u>客户编号</u>,客户姓名,地址,电话)
- 供货商(<u>供货商编号</u>,名称,电话,地址)
- 销售(<u>销售编号</u>,工号,商品编号,销售日期,销售数量)　FK 为工号、商品编号
- 订购(<u>订单编号</u>,客户编号,商品编号,购买日期,购买数量)　FK 为客户编号、商品编号
- 供货(<u>供货编号</u>,商品编号,供货商编号,数量,价格,供货日期)　FK 为商品编号、供货商编号
- 商品类别(<u>类别编号</u>,类别名称)

任务 8.2　数据库实施

视频 8.2：数据库实施

1. 创建数据库

(1) 登录服务器。回顾项目 3 中的任务 3.2,我们用常规的命令行方式登录服务器,代码及执行结果如图 8.9 所示。

```
C:\Users\afiho>mysql -h localhost -u root -p
Enter password: ******
```

图 8.9　登录服务器

(2) 用 SQL 语句创建数据库。回顾项目 3 中的任务 3.1 用 SQL 语句创建数据库的语法,创建 market 数据库语句及执行结果,如图 8.10 所示。

```
mysql> CREATE DATABASE market CHARACTER SET utf8mb4;
Query OK, 1 row affected (0.00 sec)
```

图 8.10　创建数据库

2. 表的详细结构设计

根据逻辑设计阶段设计的关系模式详细设计表的结构,在设计表的过程中一定要结合实际情况来考虑问题,比如数据类型、数据的长度、是否为空等。具体 8 个表的结构设计如表 8.1~表 8.8 所示。

表 8.1　员工表(staff)

列　名	数据类型	是否为空	键/索引	说　明
sID	CHAR(10)	否	主键	工号
sname	CHAR(10)	否		姓名
sex	CHAR(2)	否	默认值为男	性别
stel	VARCHAR(20)	是		电话

表 8.2　商品类别表(category)

列　名	数 据 类 型	是否为空	键/索引	说　明
cateID	CHAR(10)	否	主键	类别编号
catename	VARCHAR(20)	否	唯一约束	类别名称

表 8.3　商品表(goods)

列　名	数 据 类 型	是否为空	键/索引	说　明
gID	CHAR(10)	否	主键	商品编号
gname	VARCHAR(20)	否		商品名称
price	DECIMAL(8,1)	否		单价
costprice	DECIMAL(8,1)	是		成本价
cateID	CHAR(10)	是	外键	类别编号

表 8.4　客户表(customer)

列　名	数 据 类 型	是否为空	键/索引	说　明
custID	CHAR(10)	否	主键	客户编号
custname	CHAR(10)	否		客户姓名
address	VARCHAR(100)	否		地址
custtel	VARCHAR(20)	是		电话

表 8.5　供货商表(supplier)

列　名	数 据 类 型	是否为空	键/索引	说　明
supID	CHAR(10)	否	主键	供货商编号
supname	CHAR(10)	否		供货商名称
supaddress	VARCHAR(100)	否		地址
suptel	VARCHAR(20)	是		电话

表 8.6　销售表(sale)

列　名	数 据 类 型	是否为空	键/索引	说　明
saleNo	CHAR(10)	否	主键	销售编号
sID	CHAR(10)	否	外键	工号
gID	CHAR(10)	否	外键	商品编号
saledate	DATE	否		销售日期
salenum	FLOAT	是		销售数量

表 8.7　订单表(orders)

列　名	数 据 类 型	是否为空	键/索引	说　明
orderNo	CHAR(10)	否	主键	订单编号
custID	CHAR(10)	否	外键	客户编号
gID	CHAR(10)	否	外键	商品编号

列　名	数据类型	是否为空	键/索引	说　明
orddate	DATETIME	否		订单日期
ordnum	FLOAT	是		订单数量

表 8.8　供货表（supply）

列　名	数据类型	是否为空	键/索引	说　明
bathNo	CHAR(10)	否	主键	供货编号
supID	CHAR(10)	否	外键	供货商编号
gID	CHAR(10)	否	外键	商品编号
supdate	DATETIME	是		供货日期
supnum	FLOAT	是		供货数量
supprice	DECIMAL(8,1)	是		供货价格

3. 创建表

（1）用 SQL 语句书写并执行 8 个表的创建代码。设计 8 个表的详细结构后，开始着手建表。创建表时，要特别注意建表的顺序，先建主键表，再建外键表。

在表的代码书写过程中注意表的约束的建立。在创建外键时要特别注意其数据类型要和参考列的数据类型一致，且参考列在主键表中是主键。

具体创建表的 SQL 语句及执行结果如图 8.11～图 8.18 所示。

```
mysql> USE market;
Database changed
mysql> CREATE TABLE staff
    -> (sID CHAR(10) NOT NULL PRIMARY KEY,
    -> sname CHAR(10) NOT NULL,
    -> sex CHAR(2) NOT NULL DEFAULT '男' ,
    -> stel VARCHAR(20)
    -> );
Query OK, 0 rows affected (0.01 sec)
```

图 8.11　创建员工表（staff）

```
mysql> CREATE TABLE category
    -> (cateID CHAR(10) NOT NULL PRIMARY KEY,
    -> catename VARCHAR(20) NOT NULL UNIQUE);
Query OK, 0 rows affected (0.01 sec)
```

图 8.12　创建商品类别表（Category）

```
mysql> CREATE TABLE goods
    -> (gid CHAR(10) NOT NULL PRIMARY KEY,
    -> gname VARCHAR(20) NOT NULL ,
    -> price DECIMAL(8,1) ,
    -> costprice DECIMAL(8,1) ,
    -> cateID CHAR(10) ,
    -> FOREIGN KEY (cateID) REFERENCES category(cateID));
Query OK, 0 rows affected (0.01 sec)
```

图 8.13　创建商品表（goods）

```
mysql> CREATE TABLE customer
    -> (custID CHAR(10) NOT NULL PRIMARY KEY,
    -> custname CHAR(10) NOT NULL ,
    -> custaddress VARCHAR(100) NULL,
    -> custtel VARCHAR(20) NULL);
Query OK, 0 rows affected (0.01 sec)
```

图 8.14　创建顾客表(customer)

```
mysql> CREATE TABLE supplier
    -> (supid CHAR(10) NOT NULL PRIMARY KEY,
    -> supname CHAR(10) NOT NULL ,
    -> supaddress VARCHAR(100) NULL,
    -> suptel VARCHAR(20) NULL);
Query OK, 0 rows affected (0.01 sec)
```

图 8.15　创建供货商表(supplier)

```
mysql> CREATE TABLE sale
    -> (saleNo CHAR(10) NOT NULL PRIMARY KEY,
    -> sID CHAR(10) NOT NULL,
    -> gID CHAR(10) NOT NULL,
    -> saledate DATETIME ,
    -> salenum FLOAT,
    -> FOREIGN KEY (sID) REFERENCES staff(sID),
    -> FOREIGN KEY (gID) REFERENCES goods(gID));
Query OK, 0 rows affected (0.02 sec)
```

图 8.16　创建销售表(sale)

```
mysql>  CREATE TABLE orders
    -> (orderno CHAR(10) NOT NULL PRIMARY KEY,
    -> custID CHAR(10) NOT NULL,
    -> gID CHAR(10) NOT NULL,
    -> orddate DATE ,
    -> ordnum FLOAT,
    -> FOREIGN KEY (custID) REFERENCES customer(custID),
    -> FOREIGN KEY (gID) REFERENCES goods(gID));
Query OK, 0 rows affected (0.01 sec)
```

图 8.17　订单表(orders)

```
mysql>  CREATE TABLE supply
    -> ( bathNo CHAR(10) NOT NULL PRIMARY KEY,
    ->  supID CHAR(10) NOT NULL,
    -> gID CHAR(10) NOT NULL,
    -> supdate DATETIME ,
    -> supnum FLOAT,
    -> supprice DECIMAL(8,1),
    -> FOREIGN KEY (supID) REFERENCES supplier(supID),
    -> FOREIGN KEY (gID) REFERENCES goods(gID));
Query OK, 0 rows affected (0.01 sec)
```

图 8.18　供货表(supply)

(2) 用 Navicat 形成数据库模型,检查表的创建情况,修改完善表。8 个表创建完成后,可以用 Navicat 形成数据库模型,如图 8.19 所示。从数据库模型可以整体查看 8 个表之间的关系,以及它们的主键、外键创建情况。可以检查表的创建有没有失误,比如在数据类型的设置、主键的设置方面等,便于及时修正。

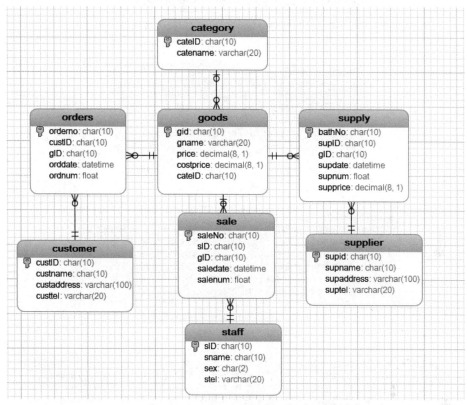

图 8.19　超市信息管理系统数据库模型

4. 向表中插入数据

设计好表之后,就可以向表中插入数据了。插入数据的顺序是先向主键表中插入数据,再向外键表插入数据。

向表中插入数据时可以根据实际情况,向表中所有列或部分列插入数据。插入所有列时不需要列出列名。但如果插入部分列,则需要列出插入列的列名。要特别注意,插入的数据要和列表中的列名对应起来。

插入数据时还要注意插入的数据符合列特征:数据类型要一致;数据长度不能超过数据类型定义长度;字符型、时间日期型数据需要用单引号引起来,数值型不需要引起来;主键约束和唯一性约束列不能有重复值;外键列要参考主键列数据。向表中插入数据的代码及执行结果,如图 8.20～图 8.28 所示。

```
mysql>  INSERT staff
    ->  VALUES('ST001','张三','男','13936577885'),
    ->  ('ST002','李四','女','021-36587885'),
    ->  ('ST003','陈萍萍','女','13536577285');
Query OK, 3 rows affected (0.00 sec)
Records: 3  Duplicates: 0  Warnings: 0
```

图 8.20　向员工表(staff)插入部分列数据

```
mysql>  INSERT staff(sID,sname,sex)
    -> VALUES('ST004','王乐乐','女');
Query OK, 1 row affected (0.00 sec)
```

图 8.21　向员工表(staff)所有列插入数据

```
mysql> INSERT category
    -> VALUES('CA0001','食品类'),
    -> ('CA0002','服饰类'),
    -> ('CA0003','生鲜类'),
    -> ('CA0004','电器类');
Query OK, 4 rows affected (0.00 sec)
Records: 4  Duplicates: 0  Warnings: 0
```

图 8.22　向商品类别表(category)插入数据

```
mysql> INSERT goods
    -> VALUES('G0001','儿童上衣',85.3,63.2,'CA0002'),
    -> ('G0002','青食钙奶饼干',4.5,3.5,'CA0001'),
    -> ('G0003','美的电饭煲',423,316,'CA0004'),
    -> ('G0004','海信电视',9800,6750,'CA0004');
Query OK, 4 rows affected (0.00 sec)
Records: 4  Duplicates: 0  Warnings: 0
```

图 8.23　向商品表(goods)插入数据

```
mysql> INSERT customer
    -> VALUES('CU0001','刘学起','青岛市李沧区巨峰路','15896878564'),
    -> ('CU0002','赵新梅','青岛市市南区江西路65号','13896878564'),
    -> ('CU0003','钱其仁','青岛市市北区郑州路52号','0532-8956234'),
    -> ('CU0004','陈莉莉','青岛市市南区镇江路12号','13156897852');
Query OK, 4 rows affected (0.00 sec)
Records: 4  Duplicates: 0  Warnings: 0
```

图 8.24　向顾客表(customer)插入数据

```
mysql> INSERT supplier
    -> VALUES('SU001','陈立','青岛市李沧区巨峰路11号','15826978564'),
    -> ('SU002','梅雪琴','青岛市市南区中山20号','13992878564'),
    -> ('SU003','李三','青岛市市北区清江路52号','0532-4856234');
Query OK, 3 rows affected (0.00 sec)
Records: 3  Duplicates: 0  Warnings: 0
```

图 8.25　向供货商表(supplier)插入数据

```
mysql> INSERT sale
    -> VALUES('SA0001','ST001','G0001','2021-9-6',52),
    -> ('SA0002','ST002','G0001','2021-9-26',32),
    -> ('SA0003','ST002','G0002','2021-9-6',152),
    -> ('SA0004','ST003','G0002','2021-9-6',12),
    -> ('SA0005','ST004','G0003','2021-9-16',112);
Query OK, 5 rows affected (0.00 sec)
Records: 5  Duplicates: 0  Warnings: 0
```

图 8.26　向销售表(sale)插入数据

```
mysql> INSERT orders
    ->  VALUES('OR00001','CU0001','G0001','2021-9-6',2),
    -> ('OR0002','CU0001','G0001','2021-9-26',6),
    -> ('OR0003','CU0002','G0002','2021-9-6',2),
    -> ('OR0004','CU0003','G0002','2021-9-6',10),
    -> ('OR0005','CU0004','G0003','2021-9-16',2);
Query OK, 5 rows affected (0.00 sec)
Records: 5  Duplicates: 0  Warnings: 0
```

图 8.27　向订单表(orders)插入数据

```
mysql>  INSERT supply
    ->  VALUES('BA0001','SU001','G0001','2021-9-6',2,60),
    -> ('BA0002','SU002','G0002','2021-9-6',6,3.2),
    -> ('BA0003','SU002','G0002','2021-9-20',8,3.2),
    -> ('BA0004','SU003','G0003','2021-9-30',10,500);
Query OK, 4 rows affected (0.00 sec)
Records: 4  Duplicates: 0  Warnings: 0
```

图 8.28　向供货表(supply)插入数据

任务 8.3　数据库应用与维护

视频 8.3：数据库应用与维护

1. 创建索引

数据库查询是我们经常需要做的事情,也是数据库最重要的应用之一。要想高效地进行数据的查询,就需要对数据库进行优化查询。优化查询的一个重要工具就是索引,那么应该在超市信息管理数据库的哪些表及哪些列上创建索引呢? 根据前面的学习,我们知道索引一般创建在查询频次较高且数据量比较大的表上。在超市管理系统中,goods 表应该是数据量比较大且查询比较频繁的,所以可以在 goods 表上创建索引。那么索引建在 goods 表的哪些字段上呢? 在索引字段的选择中,最佳候选列一般应当从 WHERE 子句的条件中提取,如果 WHERE 子句中的组合比较多,那么应当挑选最常用且过滤效果最好的列的组合。

比如,在查询 goods 时,很容易用到的条件是商品的名称,所以我们可以在 gname 上添加索引。创建索引的语句及执行结果如图 8.29 所示。

```
mysql> CREATE INDEX ix_gname
    -> ON goods(gname);
Query OK, 0 rows affected (0.04 sec)
Records: 0  Duplicates: 0  Warnings: 0
```

图 8.29　在 goods 表上创建索引

在 goods 表的 gname 上创建好索引后,还可以根据实际需要在多个表的多个列上创建索引,比如,可以在 goods 表价格列 price 上创建索引,或者在员工表的姓名和客户表的姓名等列上创建索引。读者可以自行分析和创建其他表的索引。

2. 创建视图

除了索引,视图也是简化查询和优化查询的好方法,同时它还是客户访问数据的窗口,对数据起到保护作用。那么应该创建哪些视图呢? 一般在两种情况下,我们喜欢把查询写成视图:一种是经常用到的查询,这样可以节约书写代码的时间;另一种是多表连接的查询,这样既可以减少代码的书写,还可以保护表数据。根据这两个原则,在 market 数据库中可以创建三个视图分别完成三项查询任务:查询商品主要信息、查询顾客主要信息和查询供货商主要信息。

例如,创建视图 v_good,显示商品表的所有信息,以及类别名称和供应商名称。

这显然是一个多表连接的查询,其中需要查询的是商品表 goods 的所有列、类别表 category 中的 catename 列以及 supplier 表的 supname 列。参照数据库模型,从表的关系可以看出,supplier 表要想和 goods 表有连接,需要一个中间表 supply,所以最终需要查询的表有四个。我们用外键相等的方式将这些表做内连接,就可以形成视图的查询定义了。创建视图的语句如图 8.30 所示。

```
mysql> CREATE VIEW v_good
    -> AS
    -> SELECT goods.* ,category.catename,supplier.supname
    -> FROM category JOIN goods ON goods.cateID=category.cateID
    ->  JOIN supply ON goods.gid=supply.gid
    ->  JOIN supplier ON supply.supID=supplier.supid;
Query OK, 0 rows affected (0.00 sec)
```

图 8.30　创建 v_goods 视图

视图一旦创建好以后,就可以像表一样来使用了,查询该视图,结果如图 8.31 所示。可以看出此视图满足了我们查询商品信息以及它的类别和供应商的要求。

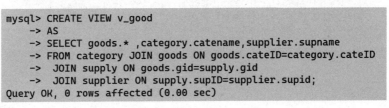

```
mysql> SELECT * FROM v_good;
+-------+--------------+--------+----------+--------+----------+----------+
| gid   | gname        | price  | costprice| cateID | catename | supname  |
+-------+--------------+--------+----------+--------+----------+----------+
| G0001 | 儿童上衣     | 85.3   |     63.2 | CA0002 | 服饰类   | 陈立     |
| G0002 | 青食钙奶饼干 | 4.5    |      3.5 | CA0001 | 食品类   | 梅雪琴   |
| G0002 | 青食钙奶饼干 | 4.5    |      3.5 | CA0001 | 食品类   | 梅雪琴   |
| G0003 | 美的电饭煲   | 423.0  |    316.0 | CA0004 | 电器类   | 李三     |
+-------+--------------+--------+----------+--------+----------+----------+
4 rows in set (0.01 sec)
```

图 8.31　查看 v_good 视图

读者可以参照上述的例子自行创建关于顾客以及供应商等信息的视图。

3. 创建存储过程

除了为优化查询创建索引和视图外,还可以将一些经常要执行的任务写成存储过程。因为服务器往往具有强大的计算能力和速度,在服务器上执行这些存储过程,可以避免把大量的数据下载到客户端,减少网络上的传输量,从而改善应用程序的性能。

例如,创建存储过程 s_performance,显示指定日期销售额大于某一金额的员工名单。

可以看出,在这个存储过程中需要有两个输入参数:一个是指定日期,数据类型应该是 datetime 类型;另一个是某一金额,数据类型可以是 int 型。因为要统计每个员工的总销售额,还需要按照员工姓名 sname 列来分组汇总。而汇总的值是销售金额,可以通过产品的 price 与对应的卖货数量 salenum 相乘求得。所以,创建存储过程的代码及运行结果如图 8.32 所示。

```
mysql> DELIMITER //
mysql> CREATE PROCEDURE s_performance(IN riqi DATE ,amount INT )
    -> BEGIN
    -> SELECT staff.sname,sum(sale.salenum*(SELECT price FROM goods WHERE gid=sale.gid))
    -> AS totalsale
    -> FROM staff JOIN sale ON staff.sid=sale.sid
    -> JOIN goods ON goods.gid=sale.gid AND sale.saledate=riqi
    -> GROUP BY sname HAVING totalsale>amount;
    -> END//
Query OK, 0 rows affected (0.00 sec)
```

图 8.32　创建 s_performance 存储过程

存储过程执行完毕后,调用该存储过程,结果发现 2021 年 9 月 6 日营销额超过 1000 元的只有张三,如图 8.33 所示。

```
mysql> DELIMITER ;
mysql>  CALL s_performance('2021-9-6' ,1000);
+-------+-------------------+
| sname | totalsale         |
+-------+-------------------+
| 张三  | 4435.599999999999 |
+-------+-------------------+
1 row in set (0.01 sec)
```

图 8.33　调用存储过程

在存储过程的代码书写和运行中,要注意为了在存储过程中可以使用分号,可以将程序结束符用 DELIMITER 语句改为双斜线。存储过程执行完毕后,可以先将程序结束符改过来,然后再调用存储过程。

4. 创建触发器

除了创建一般的存储过程,还可以创建一些特殊的存储过程,那就是触发器,可以对某些操作进行自动触发。

例如,创建触发器 tr_goods,当商品表中的商品编号发生改变时,对应的供货表、订单表和销售表的商品编号也随之改变。

因为是对更新商品表中商品编号的操作进行触发,所以创建触发器的表是商品表 goods,对应的操作是 UPDATE。代码及执行结果如图 8.34 所示。

```
mysql> DELIMITER //
mysql> CREATE TRIGGER tr_goods
    -> AFTER UPDATE ON goods FOR EACH ROW
    -> BEGIN
    -> IF new.gid!=old.gid
    -> THEN
    -> UPDATE supply
    -> SET gid=new.gid WHERE gid=old.gid;
    -> UPDATE orders
    -> SET gid=new.gid WHERE gid=old.gid;
    -> UPDATE sale
    -> SEt gid=new.gid WHERE gid=old.gid;
    -> END IF;
    -> END  //
Query OK, 0 rows affected (0.00 sec)
```

图 8.34　创建 tr_goods 触发器

这里要注意的是触发器中的两个逻辑表,其中,new 表示存放更新后的数据,old 表示存放更新前要更新的数据。

创建好触发器后,可以检验一下我们创建的触发器是否有效。

首先关闭相关外键,语句如图 8.35 所示。

```
mysql> DELIMITER ;
mysql> SET @@FOREIGN_KEY_CHECKS=OFF;
Query OK, 0 rows affected (0.00 sec)
```

图 8.35　关闭外键

其次更新 goods 表,将商品编号是 G0003 的商品编号更新为 G0007,代码如图 8.36 所示。

```
mysql> UPDATE goods  SET gid='G0007' WHERE gid='G0003';
Query OK, 1 row affected (0.01 sec)
Rows matched: 1  Changed: 1  Warnings: 0
```

图 8.36　更新数据

更新完毕后,打开一个相关表,比如供货表(supply),查看其商品编号(gID),发现商品编号已经更新为 G0007 了,如图 8.37 所示,说明创建的触发器已经起作用了。

```
mysql> SELECT * FROM supply;
+--------+-------+-------+---------------------+--------+----------+
| bathNo | supID | gID   | supdate             | supnum | supprice |
+--------+-------+-------+---------------------+--------+----------+
| BA0001 | SU001 | G0001 | 2021-09-06 00:00:00 |      2 |     60.0 |
| BA0002 | SU002 | G0002 | 2021-09-06 00:00:00 |      6 |      3.2 |
| BA0003 | SU002 | G0002 | 2021-09-20 00:00:00 |      8 |      3.2 |
| BA0004 | SU003 | G0007 | 2021-09-30 00:00:00 |     10 |    500.0 |
+--------+-------+-------+---------------------+--------+----------+
4 rows in set (0.00 sec)
```

图 8.37　goods 表更新后的 supply 表

5. 用户权限管理

作为数据库管理员,保证数据库安全是一项很重要的工作。保证数据库安全的一种方式就是创建用户并授予它们不同的权限。

例如,创建一个普通用户,并授予该用户管理 market 数据库的权限。

首先,创建一个本机普通用户 marketdb,密码为 123456,代码及执行结果如图 8.38 所示。

```
mysql>  CREATE USER 'marketdb'@'localhost'
    -> IDENTIFIED BY '123456';
Query OK, 0 rows affected (0.00 sec)
```

图 8.38　创建 marketdb 用户

其次,给这个用户设置操作数据库的权限,代码及执行结果如图 8.39 所示。

设置好权限后,查看用户的权限,发现用户 marketdb 已经具有了对数据库 market 的增、删、改、查的权限,如图 8.40 所示。

```
mysql> GRANT SELECT,INSERT,UPDATE,DELETE On market.*
    -> TO 'marketdb'@'localhost';
Query OK, 0 rows affected (0.00 sec)
```

图 8.39　给 marketdb 用户设置权限

```
mysql> SHOW GRANTS FOR 'marketdb'@'localhost';
+-------------------------------------------------------------------------------+
| Grants for marketdb@localhost                                                 |
+-------------------------------------------------------------------------------+
| GRANT USAGE ON *.* TO `marketdb`@`localhost`                                  |
| GRANT SELECT, INSERT, UPDATE, DELETE ON `market`.* TO `marketdb`@`localhost`  |
+-------------------------------------------------------------------------------+
2 rows in set (0.00 sec)
```

图 8.40　查看 marketdb 用户的权限

6. 备份恢复数据库

为了防止数据丢失和破坏引起的损失,需要及时备份和恢复数据库。

例如,备份 market 数据库并恢复到数据库 market2 中。

首先,备份 market 数据库,将 market 数据库备份到 marketbackup.sql 文件中。可以用 mysqldump 命令实现,代码及执行结果如图 8.41 所示。

```
C:\Users\afiho>mysqldump -u root -p market > d:\marketbackup.sql
Enter password: ******
```

图 8.41　备份 market 数据库

然后,可以先创建数据库 market2,代码如图 8.42 所示。

```
mysql> CREATE DATABASE market2 CHARACTER SET utf8mb4;
Query OK, 1 row affected (0.00 sec)
```

图 8.42　创建 market2 数据库

最后,我们从备份文件里恢复 market 数据库到 market2 数据库,代码如图 8.43 所示。

```
C:\Users\afiho>mysql -u root -p market2 <d:\marketbackup.sql
Enter password: ******
```

图 8.43　恢复 market 数据库到 market2 数据库

这样,我们就将 market 数据库中的数据迁移到了 market2 数据库中。可以看出通过备份恢复数据库,可以将破坏的数据库还原,也可以实现数据库之间的数据迁移。

学习成果实施报告

请填写下表,简要总结在本项目学习过程中完成的各项任务,描述各任务实施过程中遇到的重点、难点以及解决方法,并谈谈自己在项目中的收获与心得。

题目					
班级		姓名		学号	

任务学习总结(建议画思维导图):

重点、难点及解决方法:

举例说明在知识技能方面的收获:

举例谈谈在职业素养等方面的思考和提高:

考核评价(按 10 分制)	
教师评语:	态度分数
	工作分数

附　　录

附录 1　NoSQL 数据库简介

文档：NoSQL 数据库简介

附录 2　相关数据库文件

文本：社区居民信息　　文本：选课系统数据库　　文本：学生党员发展管理　　文本：超市信息管理系统
　数据库文件　　　　　　　文件　　　　　　　　　数据库文件　　　　　　　数据库文件

附录 3　学习成果实施报告电子版

文档：学习成果实施报告电子版

附录 4　MySQL 相关"1+X"考证题库

压缩包：MySQL 相关"1＋X"考证题库

参 考 文 献

[1] 郑未，段鹏. 数据库技术应用[M]. 北京：电子工业出版社，2021.

[2] 张华. MySQL 数据库应用(全案例微课版)[M]. 北京：清华大学出版社，2021.

[3] 李锡辉，王敏. MySQL 数据库技术与项目应用教程[M]. 北京：人民邮电出版社，2022.

[4] 韦霞，罗宁. MySQL 数据库项目实践教程(微课版)[M]. 北京：清华大学出版社，2021.

[5] 王永红. MySQL 数据库原理及应用实战教程[M]. 北京：清华大学出版社，2022.